鸡尾酒调制手册

[日] 山田高史　宫之原拓男　著

蔡　乐　等译

机械工业出版社
CHINA MACHINE PRESS

序

近年来，鸡尾酒的世界发生着翻天覆地的变化。

由于席卷全球的饮食风向的影响，烹饪科学的发展及各式各样机器的问世，现在几乎每天都有新口味的鸡尾酒和全新的调酒表演方式出现。

然而，鸡尾酒制作的本质是自由操控雪克杯和混合杯，根据饮用者的需求来创造出无限可能的味道。

本书分两个部分介绍鸡尾酒制作，也就是基础手法及调味方法。

前半部分是标准鸡尾酒及拓展示例，由“Bar Noble”“Grand Noble”的山田高史担任技术指导和解析；后半部分是用新鲜食材制作鸡尾酒，技术指导及解析由“Bar Orchard Ginza”的宫之原拓男担任。

前半部分详细介绍了调酒工具使用的正确姿势及标准动作，各技法的基础及变式；后半部分主要围绕“新鲜材料的使用”及“如何更好地发挥新鲜材料的味道”两个方面进行介绍。

两个部分有共通的地方，那就是在已经固定下来的基础方法上加入了自己的创意，这些创意通过一定的逻辑组合起来，再经过反复验证、进化，发展出了创新技法。

这本书非常适合有意进入酒吧界的朋友，或者认为使用新鲜材料调酒很麻烦的朋友阅读。希望这些来自世界顶级调酒师的经验和想法，能为大家提供一点参考。

柴田书店　图书编辑部

本书中介绍的鸡尾酒

标准鸡尾酒及拓展示例 ➔50页

马天尼→106页
Martini

曼哈顿→107页
Manhattan

边车→107页
Sidecar

白色丽人→107页
White Lady

玛格丽特→108页
Margarita

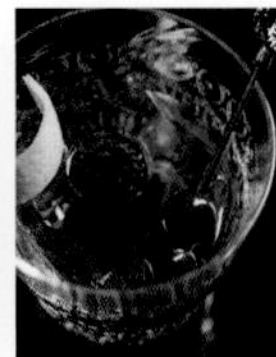
往日情怀→109页
Old-Fashioned

亚历山大→110页
Alexander

杰克玫瑰→110页
Jack Rose

美国丽人→111页
American Beauty

金汤力→111页
Gin & Tonic

莫吉托→112页
Mojito

咸狗→113页
Salty Dog

竹之味→113页
Bamboo

北极捷径→114页
Polar Short Cut

红海盗→116页
Red Viking

热黄油→116页
Hot Buttered
Rum Latte

白兰地火焰→117页
Brandy Blazer

萨泽拉克→118页
Sazerac

新加坡司令→119页
Singapore Sling

法国情怀→119页
French Connection

壮丽日出→120页
Great Sunrise

冻唇蜜→120页
Frozen Daiquiri

威士忌酸酒→121页
Whisky Sour

用新鲜食材制作的鸡尾酒 ➔80页

金汤力→80页
Gin & Tonic

贝利尼→81页
Bellini

莫斯科骡子→82页
Moscow Mule

血腥玛丽→83页
Bloody Mary

香蕉达其利→84页
Banana Daiquiri

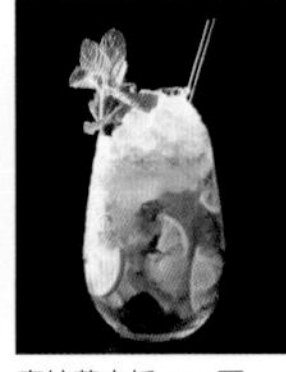
青柠莫吉托→85页
Lime Mojito

莱昂纳多→86页
Leonardo

苹果鸡尾酒→87页
Apple Cocktail

朗姆百香果古典酒→88页
Rum Passionfruits
Old-Fashioned

无花果鸡尾酒→89页
Fig Cocktail

基蒂安→90页
Tiziano

金橘金汤力→91页
Kumquat
Gin & Tonic

柿子鸡尾酒→92页
Persimmon Cocktail

火龙果鸡尾酒→93页
Dragonfruits Cocktail

目录

关于本书

○操作的流程以及顺序都以右手为基准。

○关于计量单位

1 汤勺约 15 毫升，1 茶匙约 5 毫升，1 抖振（dash）约 1 毫升，1 滴（drop）约 0.2 毫升。

○果汁均指新鲜水果现榨的果汁。

○关于温度

冷冻约为 −15℃，冷藏约为 5℃，常温约为 15℃。

Standard

探究标准鸡尾酒

摇和法
Shake

这种方法是将基础材料迅速混合及冷却，使空气充分进入材料中。这种方法可以将两种浓度相差较多、难以混合的材料迅速混合，降低酒的度数，使酒入口更顺滑。

用最省力的手法带来最优的效果

摇和法的核心是将身体的动作最大限度地传递到雪克杯，动作迅速作用于雪克杯里的液体上，从而制作出“充分混合，充分冷却，饱含空气”状态的鸡尾酒。在制作鸡尾酒时，不单单是用力摇晃，动作的要领是：以雪克杯的中心位置为中心点（就像跷跷板的原理一样，支点可以使两边重力保持平衡），在摇晃时要保持中心点的稳定且要保持在正确的轨道上运动。“用最省力的手法带来最优的效果”，是摇和法的精髓，掌握得好，不仅可以使鸡尾酒的品质提升，而且由于动作幅度比较小，所以身体也不会太累。总之，初期先要多练习基本姿势，打好基础，熟练以后就可以对姿势进行改动和创新。

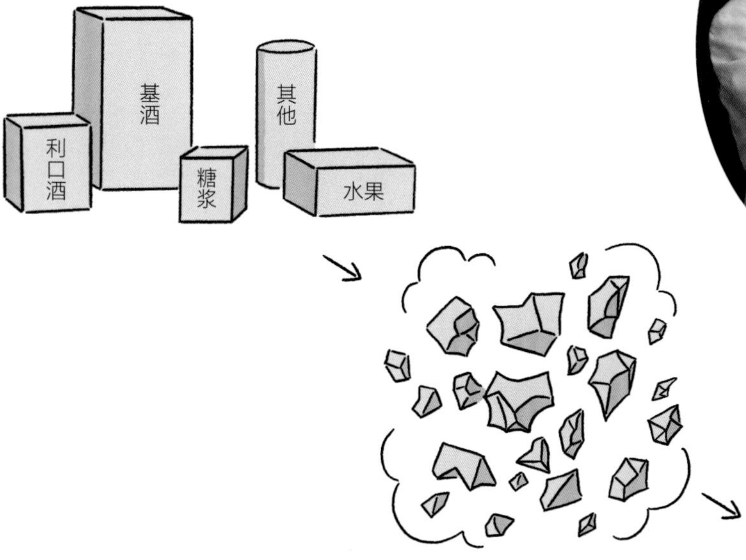

利口酒
基酒
糖浆
其他
水果

摇和法的概念图

先将所有原材料打乱
再重新将它们结合成完全不同的东西
理想的状态就是调制出口味协调一致的作品

◇ 工具

雪克杯：使用范围最广的是三段式雪克杯，杯体最上端是盖子。中间是过滤器，过滤器的上端有可以筛掉冰块和杂质的筛眼。最下面是雪克杯的主体，冰块和材料都装在这里。

搅拌勺：中间部分是螺旋设计，两端分别是勺子和叉子。勺子用来搅拌材料和测量材料用量，叉子在处理辅料时使用。

量杯：上下一般是30毫升和45毫升的组合。

制造商及规格：

雪克杯：YUKIWA，B型号。

搅拌勺：Naranha，金色。

量杯：YUKIWA，U型（带刻度）。

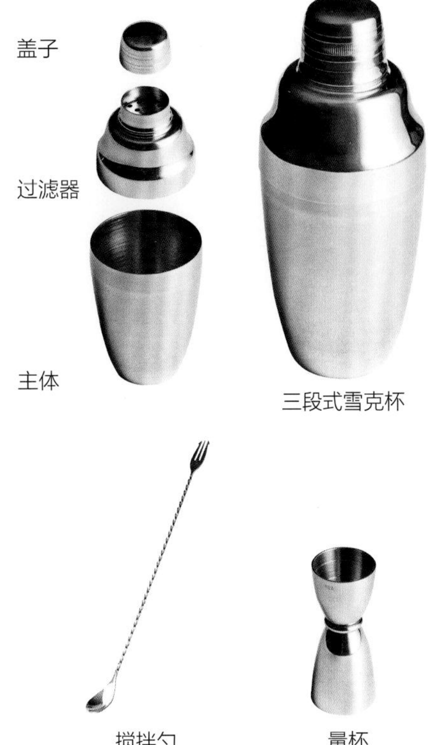

◇ 雪克杯的使用手法

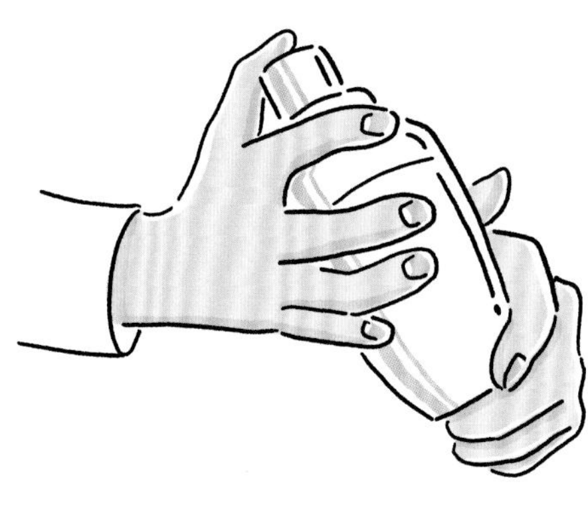

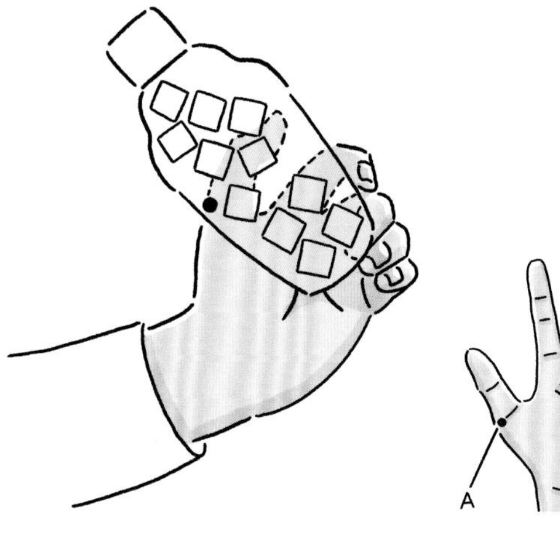

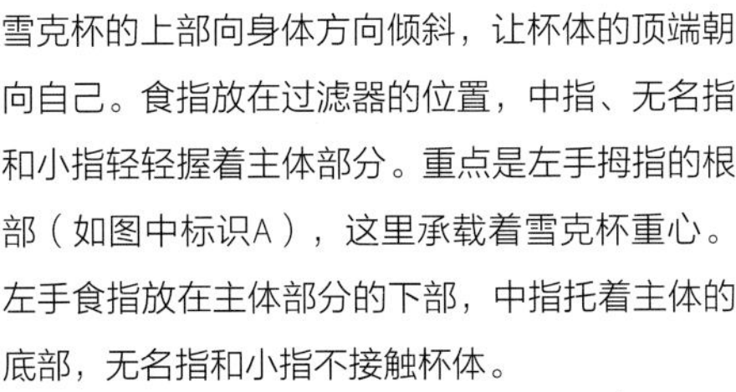

雪克杯的上部向身体方向倾斜，让杯体的顶端朝向自己。食指放在过滤器的位置，中指、无名指和小指轻轻握着主体部分。重点是左手拇指的根部（如图中标识A），这里承载着雪克杯重心。左手食指放在主体部分的下部，中指托着主体的底部，无名指和小指不接触杯体。

雪克杯的重心大概在筛眼距杯底的1/2处。液面在杯体的1/4~2/5处，拇指的根部放在杯体的1/2处，旋转式的摇法中，杯体的1/2处也是旋转的支点，以这一点为中轴线，用力让雪克杯转动起来。

◇ 雪克杯的合盖方式、打开方式、注入方式

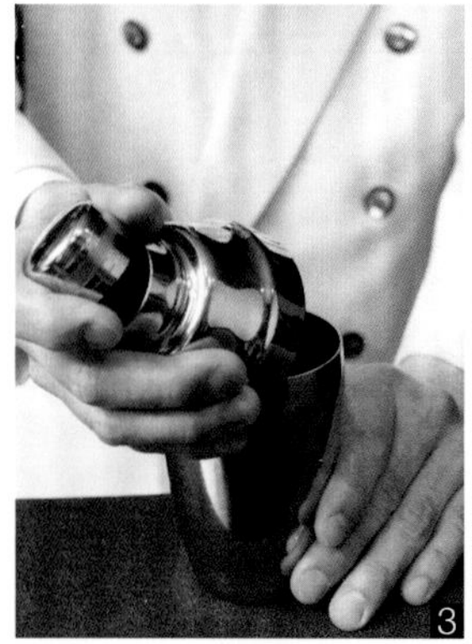

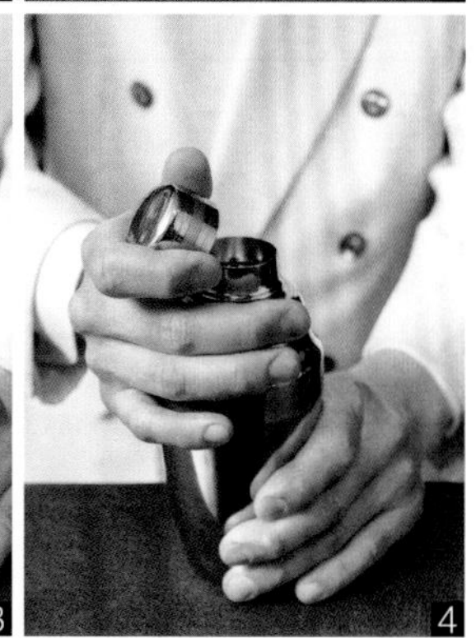

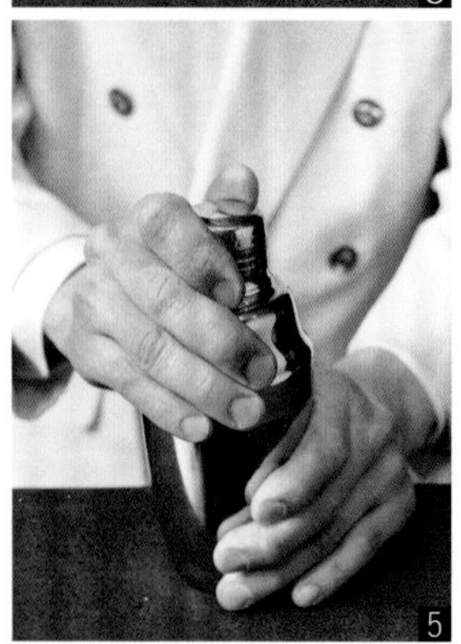

1 将雪克杯的杯体、盖子和过滤器分开放置，为下一步做准备。**2** 将材料和冰放入杯体后，右手拿着盖子和过滤器，用食指和拇指将盖子从过滤器上取下来。**3** 从斜上方将过滤器盖在杯体上。**4** 将盖子轻轻挂在过滤器上，用力按压将过滤器和杯体紧紧固定。**5** 和第四步手法相同，从斜上方将盖子盖在过滤器上，最后从正上方按压盖子使其盖紧。

Tips：如果将过滤器和盖子同时盖紧，会导致容器内气压升高，操作中可能会出现两种极端的情况，一种是盖子或过滤器松动，液体漏出；另一种情况是打不开盖子和过滤器。

1 右手握住杯体和过滤器，左手取下盖子。**2** 保持右手按住过滤器，倒转雪克杯，将液体倒入玻璃杯。最后杯体中剩余的液体水分含量比较多。

◇ 站姿，姿势

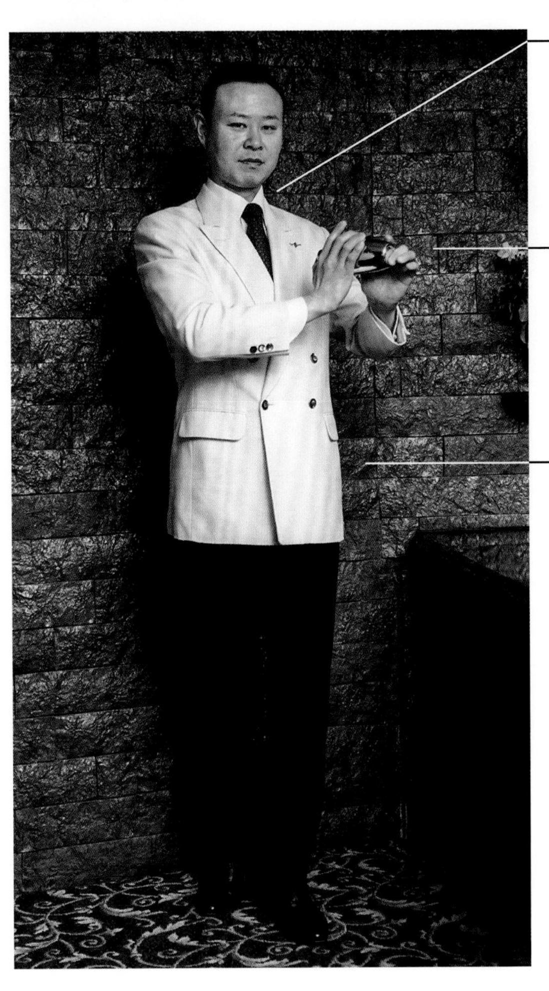

◆身体约倾斜 30 度左右站立

双脚略微分开，左脚在前，右脚在后。身体面向斜前方站立，约倾斜 30 度，双肩放松，以最自然的姿势站立。

◆雪克杯位于左胸前

双手握住雪克杯放于左胸前，使雪克杯的头部指向自己，保持水平。雪克杯和身体的距离约一个拳头。这个姿势即是摇和法开始的位置也是结束的位置。

◆时刻注意自己的核心躯干

摇和法的关键就是要保持身体的中心轴稳定，所以要时刻注意自己的躯干。站立时保持肩膀打开，挺胸抬头，这样才是一个调酒师正确的仪姿。

站立时，一般身体和头部保持同一方向。雪克杯的摇动轨迹以左胸为基点，沿着正前方偏左大约 40 度方向。

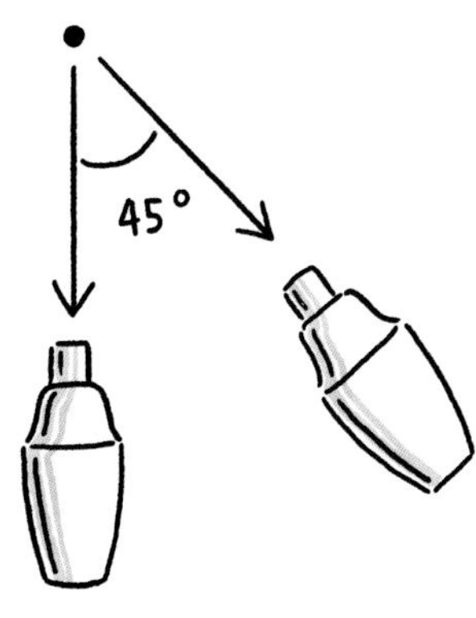

摇和法的基本动作

收回

◆动作从拉回开始

从第 11 页雪克杯的准备姿势开始往回拉，将雪克杯拉回到胸前，使雪克杯紧贴身体。做动作时理解这个动作的本质是拉回，这样才能更加高效地完成。

◆自然地往内转动手腕

做拉回动作时，手腕自然向内转动，由于冰块和液体的重量，雪克杯自然翻转（并非 180 度翻转）。

摇出

◆“直线”摇出

将雪克杯收回至胸前后，从稍向下的方向直线将雪克杯甩出。因为如果雪克杯从起点至终点的轨迹是一条弧线的话，不仅速度会慢，也比直线的更加耗费力气，所以轨迹一定要保持直线。将雪克杯摇出的同时需要将手型调整至初始状态。

◆从手肘开始发力

手肘承接雪克杯的重量而自然弯曲，发力时要保持用手肘发力，注意不要使用手腕发力，否则会使手腕负担过重。

◇ 雪克杯的轨迹

注意雪克杯中心点的轨迹和摇动的速度

在基本摇和法（一段式）中，要保证雪克杯的轨迹是一条直线。动作的关键是保证雪克杯的中心点始终在这一条线上移动，这样既可以使雪克杯以最短的距离在两点间移动，而且效率更高。通过练习，渐渐熟悉动作之后就可以加快速度，最终找到适合的速度。

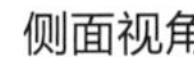

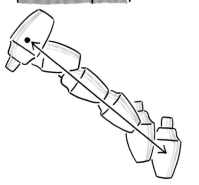

侧面视角

从侧面可以很明显地看出，虽然中心点是在一条直线上，但是雪克杯的杯身几乎上下颠倒，旋转角度在150~160度之间。杯体的两个动作同时进行，这样的手法可以实现以最小的力量发挥最大作用。另外，由于杯体本身在旋转，雪克杯移动时留下的影像会是一条弧线。

◇ 摇和法的练习

固定肘关节练习法

不要急于在雪克杯里装入冰块和材料，建议初学者用空杯练习。双臂的肘关节放于台面上，并且保持摇动雪克杯时手腕不动，同时要时刻确认小臂是否可以用较快速度摇动雪克杯，以及雪克杯的运动轨迹是否为一条直线。逐渐熟悉动作之后，可以开始在雪克杯里装入大米进行练习，这个阶段练习的重点是雪克杯的中心点。不正确的手法会让瓶中的米成为一个整体一起移动，每摇动一下就会发出一声比较沉闷的声音。如果瓶中的米粒发出清脆且连续的声音，那就说明手法正确，练习的时候要以此为目标。

摇和法的种类

首先为大家介绍鸡尾酒调制中最基本的手法

一段式是摇和法的基本手法。一般建议新手从这个手法学起，掌握正确的姿势和节奏。本书中，将为大家介绍一段式手法搭配 4 厘米见方的冰块的调制方法。4 厘米冰块表面积比较大，会给液体带来更多压力，这样能使空气和材料充分混合，最终可以得到柔和的口感。

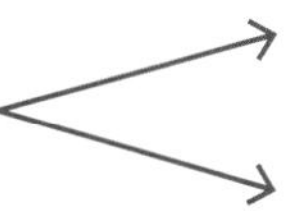

现代酒吧中比较主流的手法

本书中主要介绍的是两段式摇和法。现在各大鸡尾酒竞赛中名列前茅的选手几乎都采用这种手法，它非常值得学习。本书中，用2厘米见方的冰块来介绍该手法，体积较小的冰块适合快速动作。两段式就是在一段式上加入一系列动作，可以使鸡尾酒迅速冷却，材料充分融合。

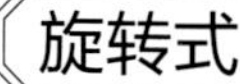

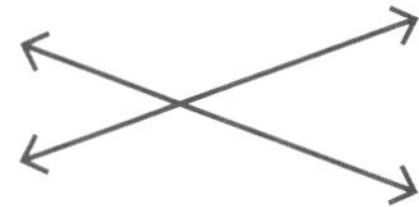

加入斜向旋转的高难度手法

这个手法就是在一段式、两段式的基础上，加上斜向旋转的动作。 想充分发挥布朗酒香味的时候，或者材料中有大量糖浆等黏性较高的物料时，这种手法比较适合。要注意的是旋转式的手法可能会给手腕带来一定的负担。

波士顿杯

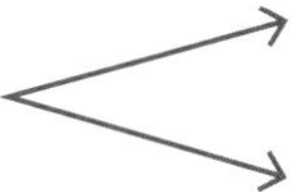

适用于含有新鲜材料或者材料中液体量比较多的情况

波士顿杯是容量比较大的雪克杯，比较适合有大块新鲜水果在里面相互碰撞，或者液体量比较多的鸡尾酒。杯内空间比较大，便于材料充分混合，也能让材料与空气充分混合。在本书中，介绍了使用波士顿杯的两段式手法。

摇和法与冰块的关系

1 块边长为 4 厘米的冰块	只有一个冰块，表面积比较小，虽然不适合快速冷却材料，但是可以使空气跟材料充分混合。每当冰块和液体接触的时候，冰块的表面会给液体带来压力，使气泡更容易进入液体。
2 块边长为 4 厘米的冰块	使用这种大小的冰块可以使液体和空气充分混合，适合稀释液体。2个边长为4厘米的冰块再加上旋转式的手法，使雪克杯中的材料充分和冰块接触，从而迅速冷却，与空气充分混合，更容易发挥出材料的香味。
3 块边长为 4 厘米的冰块	摇和法使用这种冰块可以在不破坏奶油泡的同时冷却液体。杯体里放入3个冰块之后基本上没有多余的空间了，冰块之间相互摩擦会使边缘部分破损。所以，这个方法更适合用来冷却材料。
边长为 2 厘米的冰块	很多体积较小的冰块放在一起，表面积会变得很大，可以迅速冷却材料。为了冰块都可以自由活动，摇动时需要拉长轨迹。另外，若使用两段式的手法，想要提高速度，也适合使用这种大小的冰块。

6 种摇和法的鸡尾酒

不同类型的手法与不同的冰块，以及制作过程中的各项基准之间的关系

		手法	冰块的大小以及个数	摇动的次数以及时间	制作需要的温度	备注：材料的温度等
type1 白色丽人	混 ★★★★ 空 ★★★ 冷 ★★★★ 难 ★★★	两段	2 厘米见方冰七八块	8 秒 32 次（4 次 / 秒）	−3℃	杜松子酒冷冻，柠檬汁冷藏
type2 里昂（原创）	混 ★★★★ 空 ★★★★ 冷 ★★★★ 难 ★★★★	两段旋转式	2 厘米见方冰块七八块	15 秒 60 次（4 次 / 秒）	−2℃	朗姆酒冷冻，柠檬汁冷藏
type3 咸狗	混 ★★ 空 ★★★★ 冷 ★ 难 ★	一段旋转式	4 厘米见方冰块 1 块	7 秒 21 次（3 次 / 秒）	6℃	伏特加冷冻，葡萄柚果汁冷藏
type4 边车	混 ★★★ 空 ★★★★ 冷 ★★★ 难 ★★★★	一段旋转式	4 厘米见方冰块 2 块	12 秒 45 次（3.75 次 / 秒）	0.2℃	白兰地、柠檬汁冷藏，其余常温
type5 亚历山大	混 ★ 空 ★★ 冷 ★★★ 难 ★	一段	4 厘米见方冰块 3 块	30 秒 60 次（2 次 / 秒）	1℃	可可利口酒常温，其余冷藏
type6 新加坡司令	混 ★★★ 空 ★★★ 冷 ★★ 难 ★★★	两段波士顿	2 厘米见方冰块 12 块左右	30 次 11 秒（2.7 次 / 秒）	3.5℃	杜松子酒冷冻，青柠和菠萝冷藏，其余常温

※ 混、空、冷、难分别是充分混合材料、充分混合空气、充分冷却、难易度的简称。

上面说到的 6 种类型的液体量及分析图

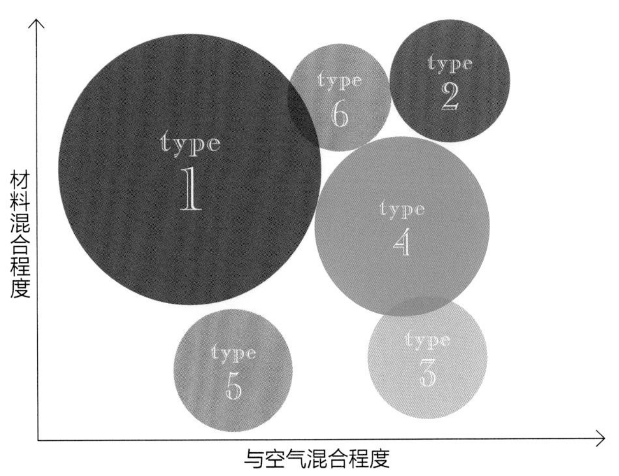

摇和法鸡尾酒有六成以上采用“两段式”，有两成采用“一段旋转式”。换句话说，只要掌握这两种手法，就可以调制约八成的鸡尾酒。但还是将鸡尾酒调制手法分成这6类，在下一页将会详细说明。

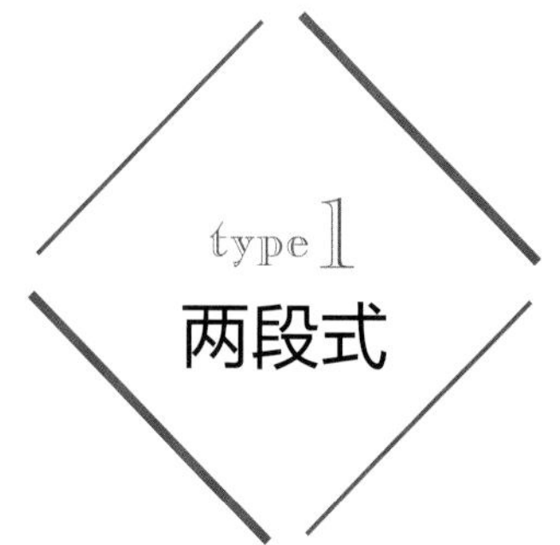

本书主要介绍的手法，
可以在充分混合材料的同时，迅速冷却材料

两段式就是在一段式基础上加入上方的动作，制作速度快，混合难度小，通用性高，在这些方面可以说是没有缺点的一种手法。如果鸡尾酒的材料比较容易混合，那么就比较适合两段式。在本书介绍的鸡尾酒中，使用两段式的占六成。

point

- **在一段式的基础上增加上方的动作。**
- **上方的动作和下方的动作都是直线。**
- **保持运动轨迹稳定，不晃动。**

在重复雪克杯的收回及送出动作时，要保证动作一直处于相同的轨迹，起点和终点始终在相同的位置。提高速度会有轨迹不稳定的可能性，但可以通过反复练习使轨迹逐渐稳定。

使用两段式制作的鸡尾酒

白色丽人、吉姆雷特、玛格丽特、XYZ、巴拉莱卡等大多数鸡尾酒。

雪克杯在上下方向运动轨迹的角度和长度基本相同，两个方向的轨迹是对称的。雪克杯中心点的轨迹保持一条直线，这样可以用最小的力气达到最大的效果。

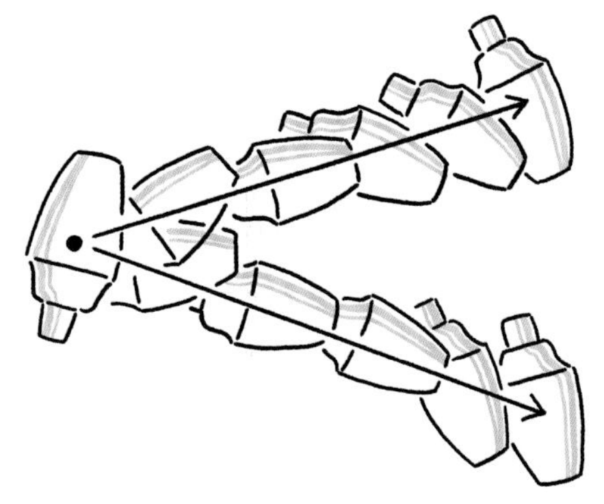

雪克杯的中心点直线运动，但是雪克杯的杯体却是以中心点为轴进行旋转。杯身进行旋转，这样即使是比较细碎的动作也可以达到摇和的效果。

1. 拉回

将雪克杯拉到紧贴胸前的位置。身体尽量不在雪克杯碰到前胸时发生晃动。另外，拉回时手腕也要轻轻向胸前收回。

2. 向上挥出

向上挥出时，肩膀和手肘不要抬得过高，要使手臂保持自然伸出的高度。在返回到初始位置时，手腕也自然地转回到一开始的位置。

3. 第二次拉回

第二次拉回和第一次在相同的位置。在摇和法中，拉回的动作和挥出的动作同样重要。要注意的是，在液体和冰块碰到杯底的前一秒开始拉回雪克杯。

4. 向下挥出

特别需要注意的是，向下方挥出时，雪克杯的轨迹有可能变短，要有意识地保持上下轨迹均等。

为了保持雪克杯的轨迹正确，首先要做的就是左手拇指的指根牢牢支撑住雪克杯的中心点。

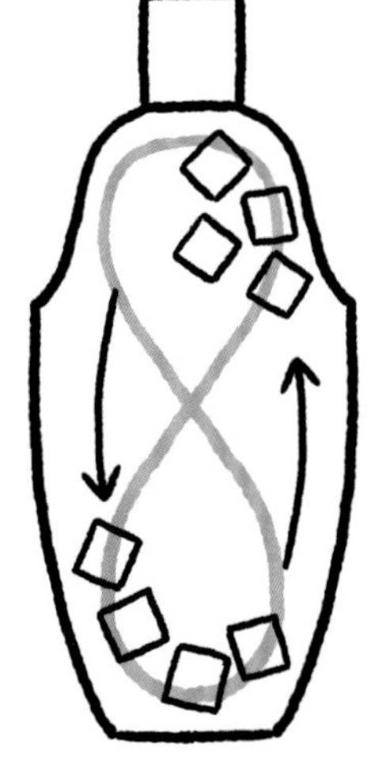

雪克杯内液体和冰块的轨迹

水不会只在某一处存积，会在瓶内画一个“8”字。这样可以让材料之间相互混合，迅速冷却。想用速度较快的手法，冰块选用边长为 2 厘米的最佳，需要七八块。一定要注意由于冰块和液体同步在雪克杯内移动，所以会稀释一部分液体。

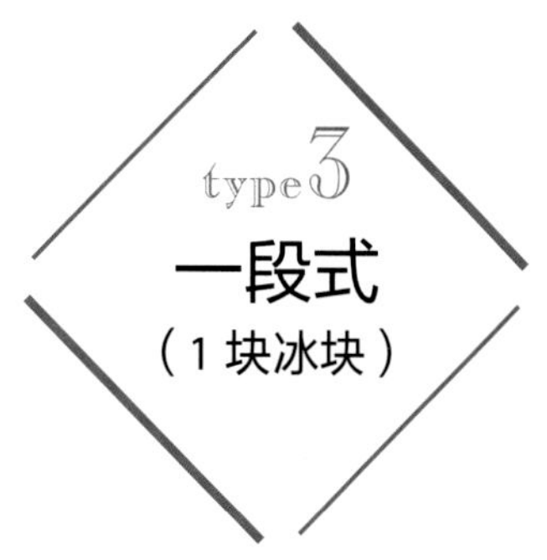

材料与空气充分混合，获得顺滑口感鸡尾酒的做法

这个手法的最大优势就是可以充分混合空气。因为不以混合、冷却为目的，所以材料要选择容易混合的材料，并在一定程度上冷却。该手法适合长饮加冰的鸡尾酒，如咸狗、血腥玛丽等。

摇动的方式、雪克杯的轨迹和基本一段式大体一致。一边感受液体与冰块随着动作在流动，一边进行短距离摇和。

point

- 与基本一段式姿势相同
- 注意支撑雪克杯的那只手的位置
- 沿准确轨道进行有节奏的摇动

为了达到从简单的动作中感受到液体和冰块流动的状态，我们需要通过练习来保持稳定速度及准确的轨道。

一段式（加冰）制作的鸡尾酒

咸狗、血腥玛丽、飞行等。

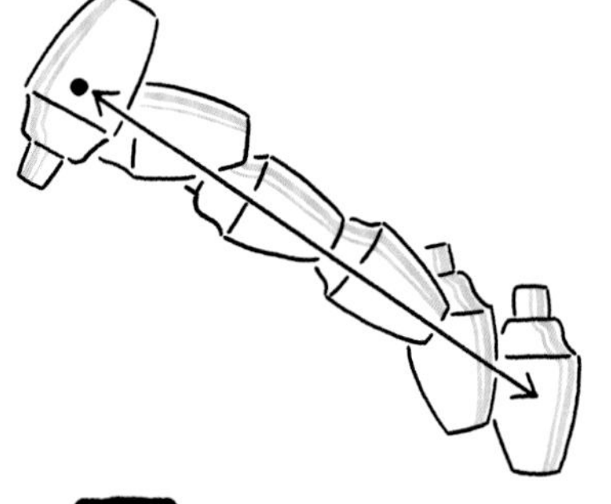

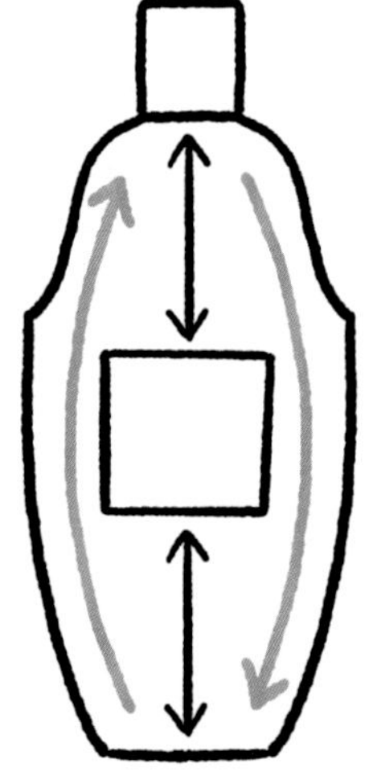

雪克杯中的液体和冰块的轨迹

一块边长约 4 厘米的冰块在雪克杯内自由移动，同时液体也充分移动。冰块越大液体酒越容易被带动，利用冰块表面积大的优势对液体施加压力，可以使液体容易与空气相融。

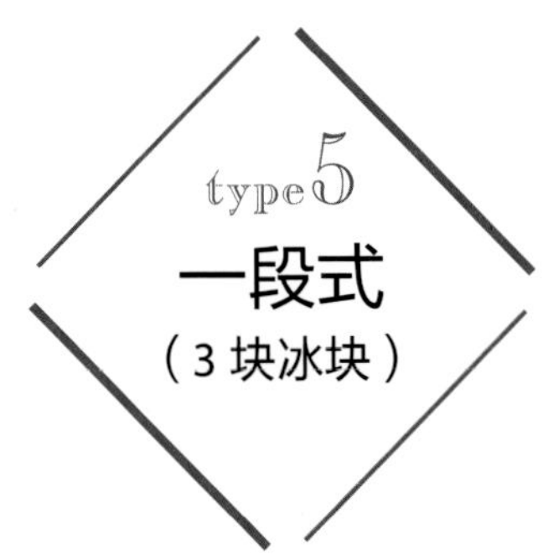

与基本一段式姿势相同，这种手法特殊，只用于材料中有奶油泡的情况

这种手法的目的是在不破坏奶油泡的前提下，同时很好地冷却材料。为了不损坏绵密的泡沫，同时让液体在冰块之间顺利穿行，摇动时速度要慢、轨迹要长。该手法适用于蚱蜢、亚历山大等带奶油的鸡尾酒。

- 与基本一段式姿势相同
- 淡奶油打至九分发
- 3 块冰块，摇动速度慢且轨迹较长

为了保证打发奶油不被损坏，摇动时速度要慢且保证较长的轨迹。淡奶油打至九分发，与其他材料混合之后再放入雪克杯。这种手法的优势是不会破坏奶油泡，能迅速冷却且味道浓郁。

与基本一段式相比，调酒师的姿势及雪克杯的轨迹大致相同，只是为了保证打发奶油不被损坏，轨迹要长一点。

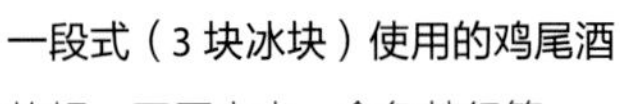

一段式（3 块冰块）使用的鸡尾酒

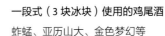

蚱蜢、亚历山大、金色梦幻等

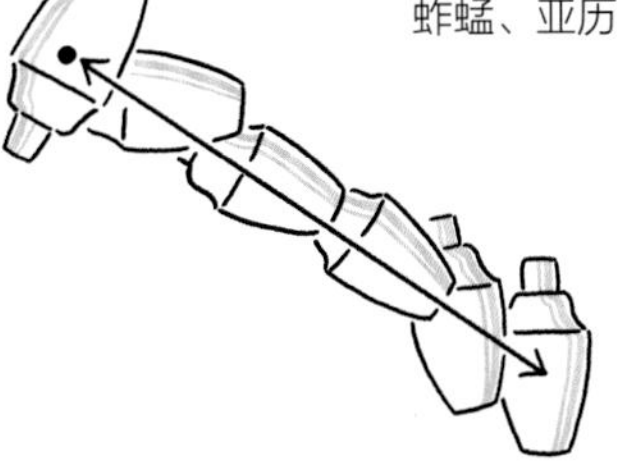

淡奶油打至九分发状态

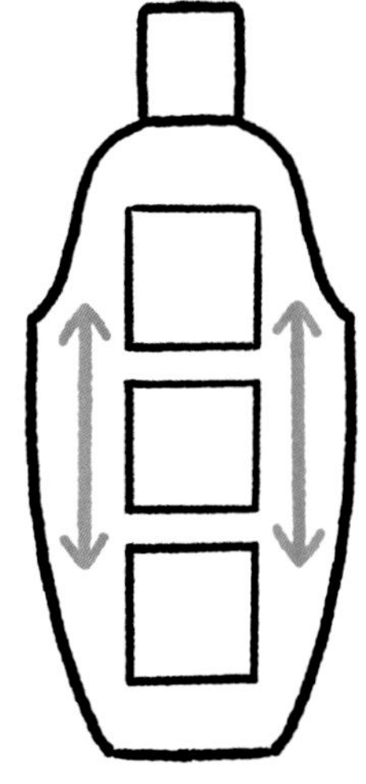

雪克杯内液体和冰块的轨迹

雪克杯内的 3 块 4 厘米见方的冰块基本不会移动，液体会在其周围流动。正是由于冰块不会移动才能让奶油泡不会被破坏。冰块数量很多，所以冷却的速度也非常快。

type 4 一段旋转式（2 块冰块）

一段式的基础上加斜向的旋转动作

一段式动作加入旋转的动作，这种手法可以使冰块全方位地与液体接触，使材料充分混合，也能迅速冷却液体。空气充分进入材料，有助于白兰地的香味扩散开，味道更加突出。这种手法比较适合边车、蜜月等强调白兰地香味的鸡尾酒。

point

- 让雪克杯以支点为轴旋转
- 保持手臂摇动的频率（旋转不会降低手臂的速度）
- 摇动时尽量使材料和冰块充分接触
- 与基本一段式相比，轨道的弧度小一些

让雪克杯以左手拇指指根部分为支点进行旋转。流程是拉回时加入左右交替的小幅度旋转动作，并向斜方向（对角线）摇出。和基本一段式相比，轨道的弧度略小一些，所以在摇出时要注意横向的幅度不要过大。将横向的角度维持在加快速度后就看不见左右旋转的程度。做动作时手腕要放松，这样才不会给手腕带来过大的负担，用最舒适的频率作为摇动的节奏。

一段旋转式制作的鸡尾酒

边车、蜜月、香榭丽舍、上海、斯汀格等。

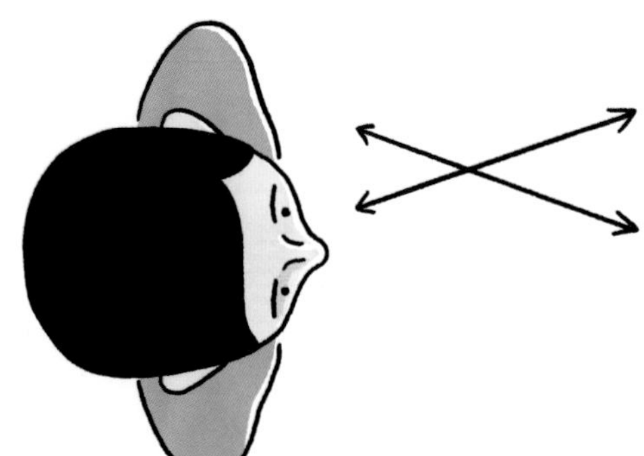

雪克杯中心点的轨迹

从正上方往下看，大约在由里至外 1/3 处为轨迹的交叉点。要注意整体轨道的幅度不要过大。

1 将雪克杯置于胸前，做拉回动作时稍微向左旋转。**2** 拉回后向斜前方摇出。**3** 摇出时不要被旋转的动作所干扰，保持轨迹稳定。**4** 再将雪克杯拉回到胸前的同时，让雪克杯的方向稍微偏左一点，这样有利于之后向左边摇出。**5** 将雪克杯拉至胸前之后，稍微向右侧旋转。**6** 向左前方摇出。

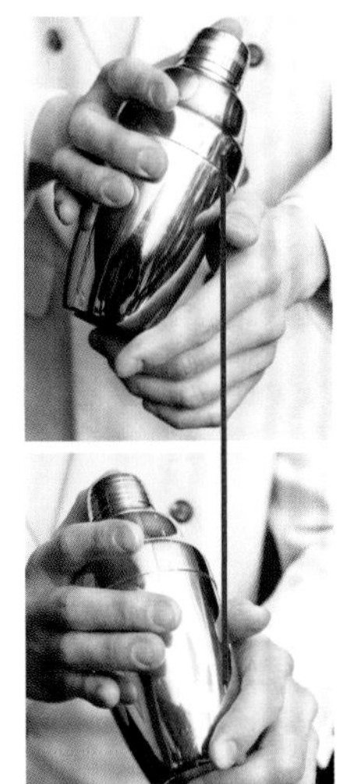

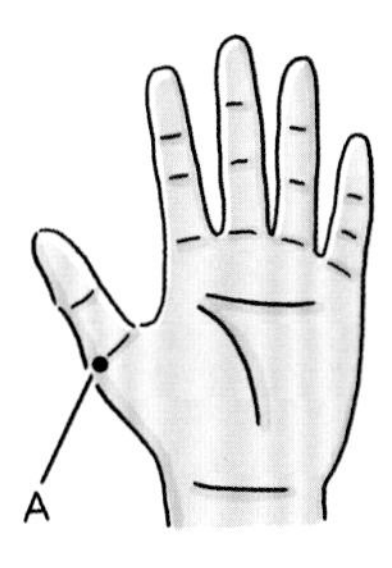

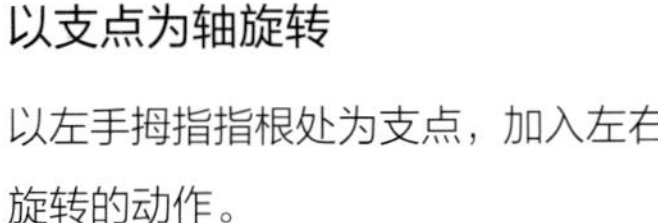

以支点为轴旋转

以左手拇指指根处为支点，加入左右旋转的动作。

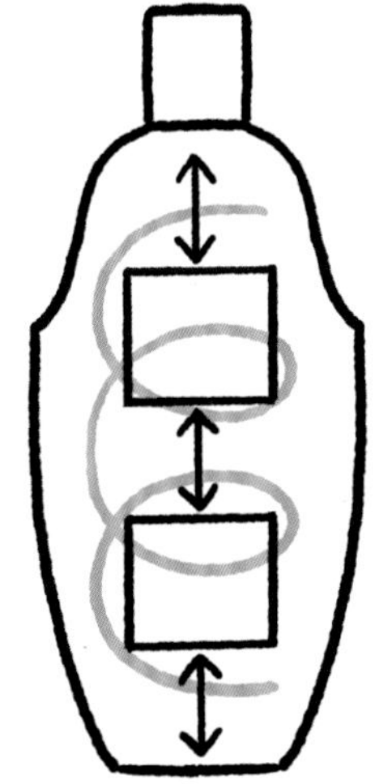

雪克杯中液体和冰块的轨迹

螺旋式加上直线的运动，让雪克杯内每一个角落都可以与冰块接触。2块边长为4厘米的冰块会一边旋转一边碰撞雪克杯底部，所以比普通一段式更容易产生气泡。即使摇和时间长也不会过于稀释液体。

这个手法就是在两段式的基础上加上旋转动作，物料中有混合难度比较高的材料时适合采用这种手法

在两段式基础上加上旋转的动作，可以使更多的空气进入液体，从而更好地混合冷却物料。物料中有超过 10 毫升的糖浆等比较难混合的材料时适用这种手法。需要注意的是复杂的手法会给手腕带来一定的负担。

point

- 让雪克杯以支点为轴旋转
- 手腕放松
- 保持手臂轨迹稳定（不要过于被旋转的动作干扰）
- 摇和时要注意尽量使雪克杯内每一个角落都能和冰块接触
- 冰块在雪克杯中的轨迹没有规律

上下的动作再加上左右的旋转，摇晃时会变成上下左右动作的组合，拥有容易混合、冷却快、容易混入空气等特点，几乎适用所有类型的鸡尾酒。但是，这种手法会给手腕带来比较大的负担，所以不要过度使用。

适合两段式的鸡尾酒

比赛用的原创鸡尾酒、使用难以混合的材料制作的鸡尾酒，以及配方复杂、高难度的鸡尾酒。

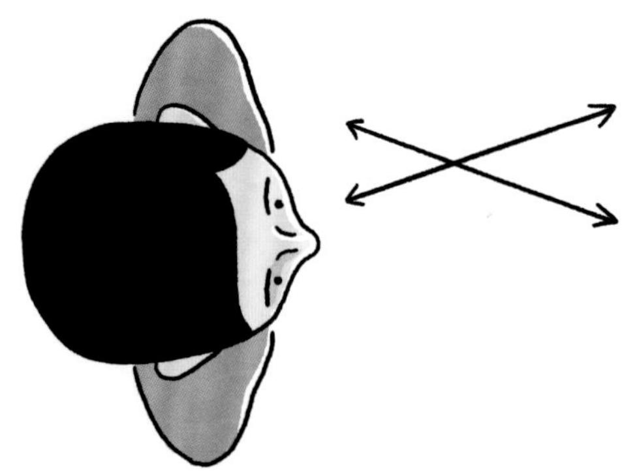

雪克杯中心点的轨迹

从正上方往下看，大约在由里至外 1/3 处是轨道的交叉点。要注意和一段式相同，整体轨迹的幅度不要过大。

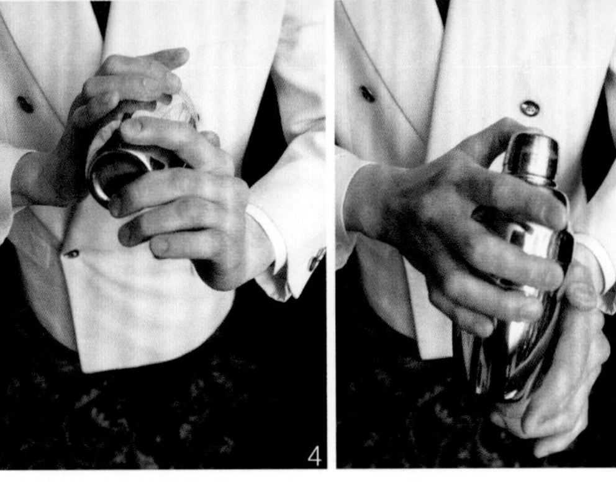

1 雪克杯的起始位置在左胸前，一边拉回一边向右旋转。2 拉回后向左斜前方摇出。3 摇出时不要被旋转的动作所干扰，保持轨迹稳定。4 将雪克杯拉至初始位置后，第二次拉回时轻轻向左侧旋转。5 将雪克杯拉至胸前后，稍微向右侧旋转。6 尽量保证上下摇动的幅度一致。轨迹的角度比常规两段式要小一点。

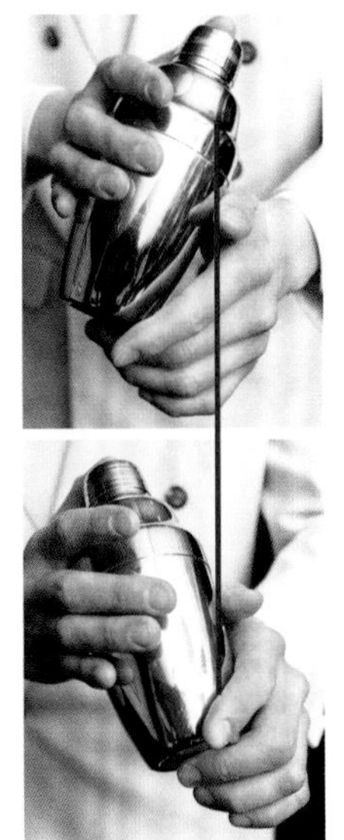
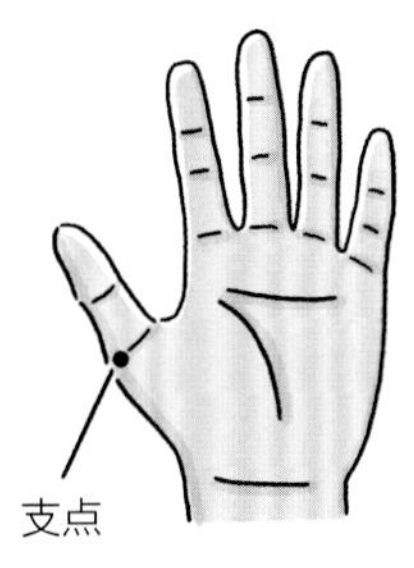

以支点为轴旋转

以左手拇指指根处为支点，加入横向的旋转。

雪克杯内液体和冰块的轨迹

冰块无规律地分布在雪克杯内各处，但是又作为一个整体上下移动，再加上螺旋式的旋转动作，配合快速的手法，使用边长为2厘米的冰块，用量为七八块。要时刻注意冰块晃动的速度，以及雪克杯内材料杂乱的分布状态。

type 6 波士顿式摇和法

采用波士顿雪克杯，
可以使空气充分进入材料，口感更加柔和

波士顿雪克杯比一般的雪克杯体积略大一些，有充足的空间使空气进入材料中，更容易发挥材料的香气，减弱酒精味，使口感更加柔和。这种雪克杯适合有新鲜水果或液体量较多的情况。

point

- 中心点在左手的手腕处
- 速度要尽可能快
- 充分发挥出波士顿杯空间大的优势
- 波士顿杯自身旋转幅度不大

和两段式的轨迹相同。左手腕的右侧为中心点，摇动时要充分调动波士顿雪克杯全部空间。若是纵向的雪克杯，材料有可能堆积在品脱杯里（见 25 页“波士顿雪克杯的使用方法”），摇动的方向要选择横向。品脱杯易碎，使用时要小心。

1. 拉回

将雪克杯放置在胸前位置，向身体方向拉回。雪克杯的空间比较大，所以无须上下翻滚，利用空间大的优势就可以达到效果。

2. 摇出（向上一定角度）

摇出时，手腕向上的角度不要过大，始终要保持中心点的轨迹是一条直线。

3. 再次拉回

确认了材料和冰块在雪克杯内正常移动之后，再将雪克杯拉回原来的位置。和普通两段式手法相同，拉回的动作很重要。

4. 摇出（向下一定角度）

由于雪克杯的容量很大，摇出时不是垂直向下而是比水平方向稍稍向下。这种幅度比较轻的手法，会使材料无法完全混合。

◇ 波士顿雪克杯的使用方法

闭合方法

1 在锥形杯中放入材料，将品脱玻璃杯由斜上方盖在锥形杯上。

2 双手以左右相反的方向旋转上下两个杯体，盖紧后轻轻拍打顶部。再次确认杯体是否盖紧。摇和时上下颠倒，品脱玻璃杯在下，进行摇和。

打开方式及液体注入方式

1 手持雪克杯使品脱玻璃杯靠近自己的右侧，右手的手掌根部轻轻撞击杯体侧面的上部。一边轻轻旋转一边将品脱玻璃杯取下来。

2 装上过滤器，右手按着过滤器将液体倒入杯中。

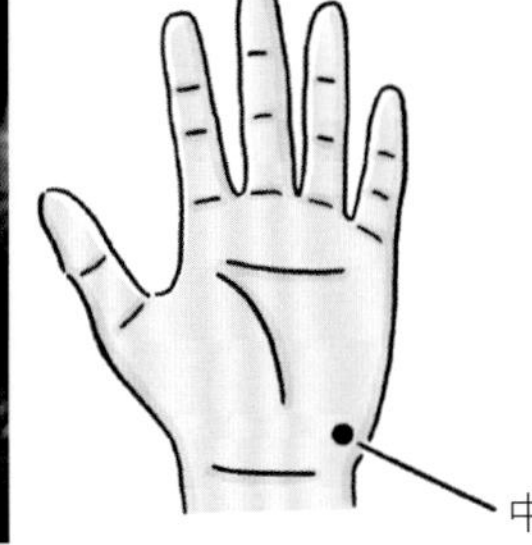

托举姿势

左手的食指放在锥形杯的底部，剩下的 4 根手指托着杯体。右手的食指放在锥形杯上，剩下 4 根手指托着品脱玻璃杯。左手掌根右侧的位置是整体的中心点。

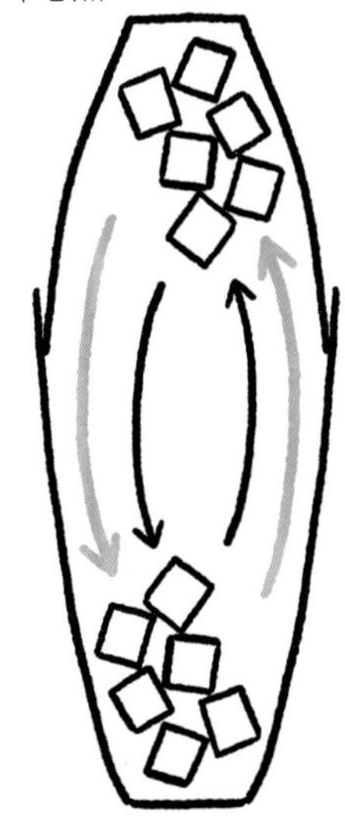

雪克杯内液体和冰块的轨迹

冰块不会只聚集在一处，会在大空间的雪克杯里来回滚动。冰块可活动的区域很大，方便材料混合，但此时要注意冰块和液体的平衡。本书介绍的方法中使用了 12 块左右 2 厘米见方的冰块。

调和法
Stir

这种方法可以使容易相互混合的材料不需要施加强烈的外力就可以混合并冷却。适合需要发挥材料原始味道和香味的情况，或者想要口感比较强烈的情况。

追求精致和细腻的混合方法

调和法就是用吧勺搅动杯内的冰块，利用冰块的移动混合冷却液体。动作上一些细微的差别会使最终成品有很大的差距，所以这种技法的关键就是精细的规范动作。摇和法调制出的鸡尾酒大多口感柔和，与之相比，调和法更注重材料的原始味道与香味，口感会强烈且有层次感。因此，过分稀释会失去调和法的优势，要控制好搅拌的“度”，把控好时机，可以既保证鸡尾酒的完成度，又保证材料本味不被破坏。搅拌过程中，需要时刻关注液体的变化。要找出鸡尾酒最佳的混合程度、冷却程度及稀释程度之间的平衡点。

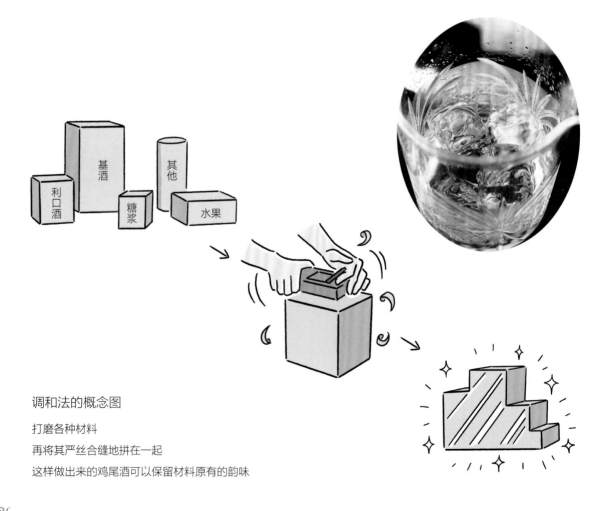

调和法的概念图

打磨各种材料

再将其严丝合缝地拼在一起

这样做出来的鸡尾酒可以保留材料原有的韵味

◇ 工具

搅拌玻璃杯：是调和法专用的大号玻璃杯，特点是稳定性高及杯口直径较大。挑选时要考虑是否跟过滤器型号及冰块大小相匹配。

吧勺：与摇和法中介绍的相同。调酒时，不用吧勺操作的时候，需要将其放入用来冲洗材料的加满水的杯子中，但是要注意杯子里面的水要经常更换。

过滤器：安装在搅拌玻璃杯上，用来过滤冰块，只有液体可以倒出。

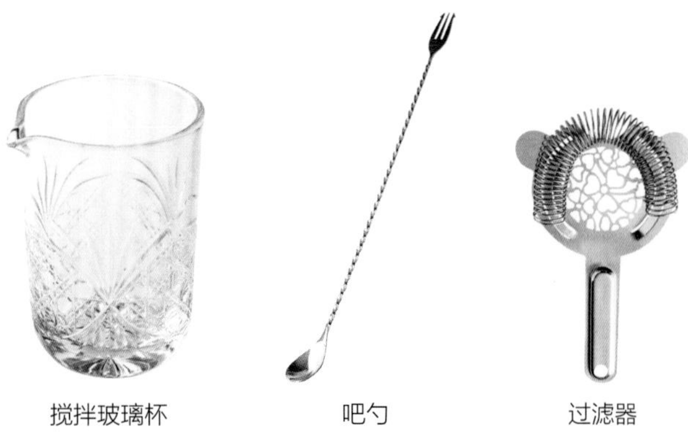

搅拌玻璃杯　　吧勺　　过滤器

◇ 手持吧勺的姿势及使用手法

1 **2** 用食指和拇指捏住吧勺的顶端（勺子那端）往上 2/3 的位置，无名指从后面撑住吧勺，其他手指自然放置。中指和无名指前后移动，利用吧勺的螺旋性状使吧勺来回旋转。

在手腕和手臂固定的状态下，以拇指和食指为支点，只靠中指和无名指的前后运动使吧勺旋转，动作熟练之后，即使加快速度，中心也很稳定，吧勺能自然地画出一个圆。

◇ 冰块的使用方法

先在搅拌玻璃杯中加满冰块，再放入材料。冰块稍微超出液面的状态最佳。冰块太多的话，多余的冰块会和玻璃杯内侧接触，加快液体的稀释；但如果冰块太少的话，缺少搅拌的力度，也比较难冷却。本书介绍的方法使用的是边长为 2 厘米的冰块，这种冰块的表面积比较大，会同时加速冷却和稀释的程度。考虑到这一点，会根据不同的鸡尾酒匹配最合适的搅拌速度和次数。

调和法的基本动作

◇ 调和法的顺序

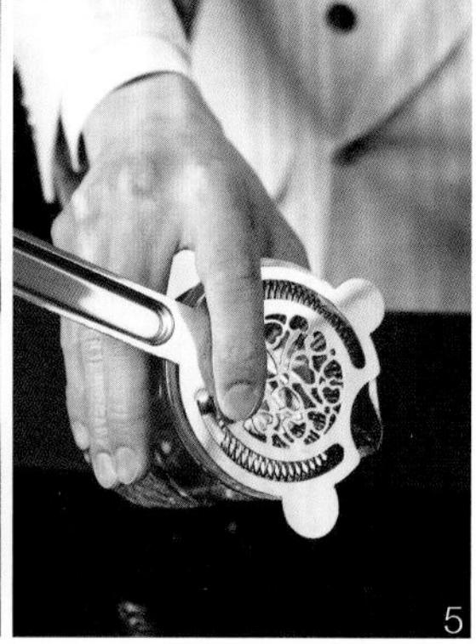

1 搅拌玻璃杯的槽口向左放置，玻璃杯的左侧放置过滤器。2 冰块去霜（操作方法见下文）后，加入材料，左手托着搅拌杯的底部，慢慢地将吧勺放入杯中开始搅拌。3 要始终保持吧勺的勺背一直沿搅拌杯内侧平滑地移动（为拍摄效果使用了空玻璃杯）。手腕和手臂不用力，只用指尖使吧勺旋转。搅拌结束后再轻轻取出吧勺。4 过滤器盖在玻璃杯上（过滤器手柄和玻璃杯槽口要在相反方向），将液体倒入鸡尾酒杯。5 用右手食指压住过滤器，手的热度会使液体温度上升，为了防止这种情况，拿玻璃杯时，尽量只用指尖触碰。

◇ 冰块去霜

1 在搅拌玻璃杯里加入冰块，用喷雾器向内喷少许水（纯净水）三四次，至冰块潮湿的程度即可。2 用吧勺轻轻搅拌。净化冰块表面，使冰块表面的霜和细小的冰片掉落，待搅拌玻璃杯稍微冷却下来后，盖上过滤器将水分沥出。

调和法鸡尾酒的分类

根据材料是否容易混合、口味的倾向性等特征，将用调和法制作的鸡尾酒分为以下5类。下面将每种鸡尾酒搅拌的次数、时间、制作的温度都一一列出。

所用材料相互之间比较容易混合

· 材料非常容易混合的鸡尾酒 —— 竹之味
材料都需要冷藏
11次/17秒之内/−1.8℃

· 材料比较容易混合的鸡尾酒 —— 曼哈顿、卡罗等
例：曼哈顿，所有材料都需要冷藏
13次/14秒内/3℃

所用材料相互之间不容易混合

· 材料量很多或者黏度很高
→预混*（后续会有详细说明） —— 北极捷径、巴黎人等
例：北极捷径，材料中只有苦艾酒需要冷藏
12次/20秒之内/−3℃

· 使用冷冻烈性酒的鸡尾酒
→时间稍微长些的调和法 —— 吉普森等
例：吉普森，材料中杜松子酒需要冷冻，苦艾酒需要冷藏
15次/20秒/−3℃

· 使用方糖等固态材料的鸡尾酒
→快速混合 —— 萨泽拉克等
例：萨泽拉克，所有材料都是常温
50次/18秒内/4℃

* 关于预混的说明

上文中提到的北极捷径所用的制作手法叫作预混，就是在搅拌之前先用特制的杯子进行混合的操作，可以将黏度较高的材料混合均匀，可以即刻确认鸡尾酒的味道，同时也可以将冰块融化带来的额外水分控制在最小范围内。另外，打发生奶油或者蛋清，以及将冷却了的材料转移到常温的容器里使温度升高，接触空气挥发出香味的倒杯手法，在广义上都可以称为预混。预混的方法不仅在调和法中会用到，其他技法中也同样会用到，现在逐渐成为一种主流的方法。虽然步骤增加了，但是却给最后成品带来天壤之别。

兑和法
Build

兑和法是将材料直接放入玻璃杯这种调制手法的总称。因为目的和手法同时存在，所以可以适用的技术很少，但是这种手法不仅可以活用技巧，更可以释放材料的特性。

根据不同类型选择技法和材料的处理方式

兑和法是不使用雪克杯等工具，将材料直接放入玻璃杯里制作的鸡尾酒类型的总称。因为操作方便，用简单的步骤就可以完成，所以兑和法的关键不仅在于技法，更重要的是把握包括冰块在内的各种材料的性质，根据目的发挥出不同材料的优势，并且充分利用这些优势打造出更佳的口感。混合到什么程度，冷却到什么程度，需不需要稀释，另外，如何制作出独特香味和口感，注重质地包括外观上的美感等，考虑到这些做出综合的判断之后，再进行材料温度和冰块大小的选择，组合出一种最合适的技法。

兑和法的 4 种类型

碳酸系	使用了苏打水、汤利水、姜汁饮料等材料，口感比较清爽的鸡尾酒。虽然碳酸的发泡性可以使材料更好地混合，但是为了防止操作过度而打散泡沫，在倾注液体及混合时都要注意。	（例） 威士忌苏打、 金汤力、莫斯科骡子、 莫吉托
兑水、果汁系	用酒和水作为原料调兑的鸡尾酒因为比较好入口，所以很多人都喜欢喝这种类型的酒。由于材料较重，容易沉底，特别是果汁或者黏度较高的材料。	（例） 黑加仑（兑水）、 螺丝钻、血腥玛丽、 迈泰
预混	预混是指在鸡尾酒制作之前，用专用的玻璃杯或者搅拌器先将材料混合的工序。通常这道工序的目的是混合难以混合的材料及诱发材料香味等。在兑和法中，冰块威士忌一类的鸡尾酒常用到这道工序。	（例） 锈钉、教父（教母）、法国情怀
漂浮系	利用各种酒类的密度不同，可以在一种酒上加一层另外一种酒。一般水或果汁会漂浮在酒的表面，最后呈现出一个渐变的效果。制作渐变鸡尾酒之前，要确认每一层材料之间液体的密度。	（例） 悬浮式威士忌、 美国柠檬汁、彩虹

各种类型的制作顺序及要点

◇ 碳酸系

利用碳酸水的发泡性来混合材料
过程中要保证碳酸水的泡泡不消失

1

2

3

point

- 注入液体时要注意不要浇在冰块上，绕过冰块轻轻地倒入杯中
- 搅拌过度会让碳酸水的泡泡消失，适当搅拌即可
- 材料要提前冷却

1 玻璃杯里放 3 块冰块，将基酒倒入杯中，搅拌之后静置冷却，再倒入碳酸水，要注意碳酸水绕过冰块，沿玻璃杯边缘倒入。将碳酸水倒入基酒中，充分搅拌。

2 用吧勺从底部将冰块抬起来，保持这个状态，再上下转两三圈。

3 最后将吧勺轻轻拔出。

◇ 兑水、果汁系

在保证酒和果汁不沉底的
情况下充分搅拌

1

2

point

- 倒液体时要注意不要倒在冰块上
- 从玻璃杯底部开始搅拌
- 材料要事先冷却

1 倒入液体时要注意不要直接倒在冰块上。在倒入的基酒中加入冷却的水或者果汁之后，会产生对流，更容易搅拌，也可以减少冰块融化导致的稀释。**2** 用吧勺从玻璃杯底部开始搅至液体上部，来回搅拌3次左右，这样可以促进对流，混合得更加充分。

◇ 预混（加冰威士忌）

充分发挥基酒的香味
让口感更顺滑

1

2

3

4

point

· 基酒充分接触空气，让香气散发出来
· 利用离心力混合材料
· 使用不容易融化的圆形冰块

1 **2** 材料放入专用的高脚杯里，逆时针旋转。**3** 充分混合，让香味散发出来后，再将材料转移到装着冰块的岩石杯中。**4** 再次搅拌，让材料进一步混合，冷却。选用不容易融化的圆形冰块，可以使烈酒的风味长存。

◇ 漂浮系

利用密度差分层

1

2

point

· 使用吧勺的勺子部分
· 先加入密度大的材料

1 酒瓶直接接触吧勺勺子部分，液体经由吧勺缓慢流入杯中。这里要注意使用的是勺子内侧，不能用勺背，使用勺子内侧操作更容易控制用量。**2** 先加入密度大的材料，之后再加入密度较小的材料，这样就可以自然分层。如果反过来，先加入密度较小的材料再加入密度较大的材料，就容易混合。

搅和法
Blend

这个技法是使用电动搅拌机，利用机械的强大动力进行搅拌，适用于冰沙鸡尾酒及新鲜水果鸡尾酒，可以迅速将材料混合。

准确判断鸡尾酒需要的碎冰量

搅和法是一种使用机器将食材强行粉碎的技法。电动搅拌机是制作绵密口感的冰沙鸡尾酒不可或缺的工具。这种方法主要适用于制作冰沙鸡尾酒，除此之外，大部分以水果蔬菜为材料的鸡尾酒也同样适用。制作冰沙鸡尾酒的关键是碎冰的量，打个比方，冰沙鸡尾酒中碎冰量的重要性就相当于法国料理的“酱汁中黄油的量”，放多了味道过重，口感很不好；放少了酱汁的浓度不够，吃起来水嗒嗒的，也入不了味。要在两个极端之间准确找到一个平衡点，这是制作冰沙鸡尾酒的关键。

◆加冰型

适用于冰沙玛格丽特和冰沙代基里等类型的冰沙系鸡尾酒。

· **酒精浓度**

一般来说，酒精度数越高，成品的口感会越顺滑，所以制作之前需确定最理想的口感，以及口感和酒精度数之间的关系。特别需要注意的是无酒精的材料会让冰沙口感变硬。

· **材料中的水分**

使用新鲜水果如香蕉、芒果、无花果等水分比较多的水果，会让冰沙变硬，所以在制作时要尽可能减少其他水分的添加。

· **调味**

加入冰块的同时使用搅拌机，就相当于加入了水分。所以，为防止口感变淡，调味时浓度适当大一点。

◆无冰型

使用搅拌机将伏特加与番茄混合后再摇和，冷却后制成的血腥玛丽，以及用蛋清、打发的奶油制作的酸奶威士忌，类似这两种类型的鸡尾酒，适合无冰型的搅和法，也属于混合技法的一种。

◇ 工具

现在市面上有各种类型的搅拌器，如固定型和手持型等，在选择时可以选择自己最趁手的类型。图片上展示的这种手持便携式的搅拌器，用来制作冰沙系鸡尾酒，口感会非常顺滑，很少出现冰碴残留的状况。

◇ 搅和的顺序

将材料一次性放入专用的马克杯搅拌，试过味道之后再加入适当的碎冰。酒精和糖分过少都容易使冰沙结块，在使用无酒精基酒时需要特别注意。制作无冰型鸡尾酒时，将材料直接放入杯中进行搅拌。使用搅拌机时，为了防止材料飞溅，左手需要盖住杯口。这个操作还能起到消音的作用。

鸡尾酒的装杯

各种果皮装饰，杯沿做边等提香的方法，会将鸡尾酒呈现得更加美观，也会提升鸡尾酒的口感。

◇ 果皮精油喷洒（不放入鸡尾酒）

果皮装饰及果皮扭转是指将柑橘类的果皮中含有的油分（香氛成分）喷洒在鸡尾酒上，给鸡尾酒提香的工序。切成圆形的果皮用拇指和中指挤压，用食指在果皮内侧支撑。洒果汁时，从鸡尾酒杯边缘稍向下的位置开始洒，这样果皮中最苦的部分留在杯子外面，只有香氛成分会落到杯子里。挤完精油之后，在鸡尾酒的上方画一个半圆，如右图所示。从正上方看起来轨迹为靠近身体一侧的杯口的 1/4 的弧形。

◇ 果皮扭转（放入鸡尾酒中）

1 准备一个切成长条形（长方形果皮）的果皮。在距离杯口大约 5 厘米的位置双手扭转果皮提香，这个高度是为了防止果皮中的苦味成分进入杯中。2 将果皮放入杯中。长条形果皮是用双手挤压，所以香味持续得会比较久。汤姆柯林斯等鸡尾酒会使用这种手法。

1

2

◇ 柠檬片

1 切成弓形的水果，果肉那一侧向下，用食指、拇指和中指三个手指挤压。2 为防止果汁溅到杯子之外的地方，挤压时用左手挡在杯子上方。柠檬片挤压完之后直接放入杯中。

1

2

◇ 雪花边

1 用切开的柠檬的断面沿着酒杯杯口滑动，使杯口沾上果汁。操作时，左手拿着柠檬固定不动，右手拿着玻璃杯旋转一周。2 小盘子的表面薄薄地铺一层盐，将刚才的玻璃杯一边旋转一边在杯口均匀地沾上盐。这个过程中杯口始终向下，这样既可以保证果汁不流失，也可以缩短动作路线。

这两张图就是杯口轻轻沾上一层盐的样子。至于杯口上盐的颗粒粗细及使用量，是根据所制作的鸡尾酒类型决定的。

◇ 装饰及装饰品

装饰是搭配鸡尾酒的食材的统称，其味道多多少少会给鸡尾酒带来一定的影响。洋橄榄用于偏辣的鸡尾酒，如果是甜口的鸡尾酒，多用樱桃。选用时要根据鸡尾酒口味的匹配度及外观来决定。装饰品都是可以食用的，所以要准备小碟子和餐巾纸。

◇ 冷冻杯子

在接到顾客点单后，第一件事是将杯子放入冰箱冷冻室冷冻一下。制作鸡尾酒的一两分钟杯子就可以充分冷却，不需要太长时间。这种方法基本上适用于短饮鸡尾酒。不加冰的长饮鸡尾酒，也可以将平底玻璃杯放入冰箱冷冻一下。

吧台内工具的配置 （Bar Noble）的案例

下图是顾客看不到的吧台内侧，以及冷藏柜的储存配置。经常使用的雪克杯，以及调和法需要的工具和材料都放在中间位置，其他物品也根据使用习惯整齐摆放。

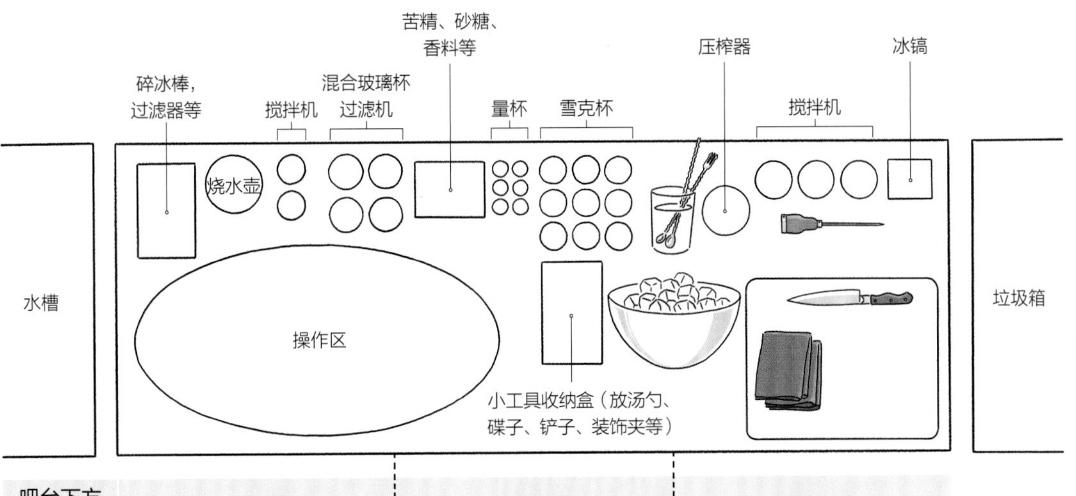

吧台下方的冷藏柜	冷冻室		冷藏室	冷藏室
上层	烈性白酒（基酒）	空白区域（用来冷冻鸡尾酒杯）	新鲜果汁（柠檬汁、朗姆汁、葡萄汁等）、切片水果、装饰品、生奶油、牛奶	苏打水（碳酸水）、汤利水、姜汁饮料、可乐等
下层	冰块（不同种类分袋装）：方冰（边长 2 厘米和 4 厘米）、圆形冰块、大钻石形冰块		果皮、水	布朗酒、西班牙白葡萄酒、苦艾酒、甜酒等

高效率的动作

将水果在案板上切好，放入面前的搅拌机，将果皮顺手扔进旁边的垃圾桶。这种非常连贯的动作，提高了操作效率，缩短了时间。垃圾箱嵌入吧台内部，这样在吧台旁边走动的时候不会碰到。

小物件都集中在一起

用收纳盒整理经常使用的小物件是操作效率化的关键。收纳盒中有分隔，可以将材料瓶立着放在里面，需要用时立马就能取出来。

准备工作及辅材

冰块、柑橘类水果、香草等都是鸡尾酒的重要组成要素，要高效精细地做准备工作

冰

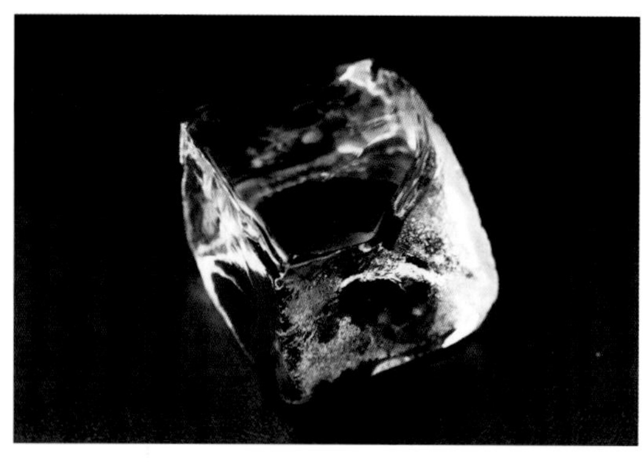

冰块不单纯起冷却作用
也可用于混合液体
切好的冰块对于客人来说也算是一种商品
冰块切好形状之后，放入冷冻室 0.5~1 天
让形状更加坚固，不容易融化

◇ 拿工具的姿势

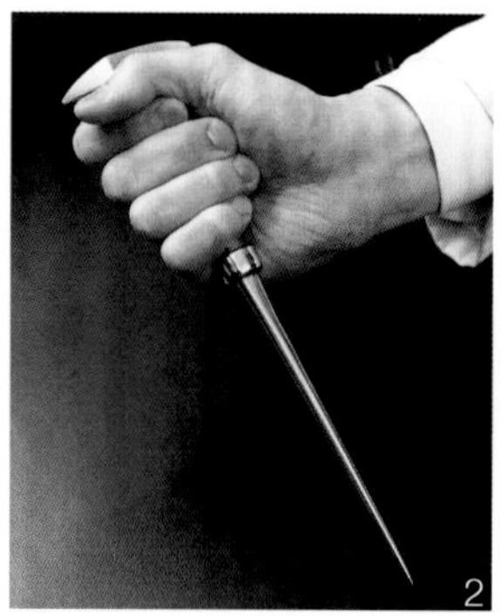

1 开始使用冰镐时，手要抓住凿子下部，只露出尖端部分。

2 动作熟练之后，手就可以抓住凿子柄，用柄部控制尖端移动。

3 方形三叉冰锥专门用来削圆形的冰块。

需要准备的材料：菜刀和小刀，用来切割大型冰块，使之成型；营业时用来装备用冰块的浅筐和大碗、冰铲、冰块夹子等。

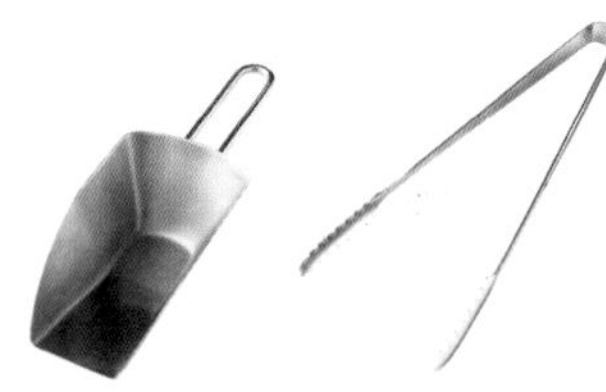

◇ 方冰

使用频率最高的一种冰块。
本书中介绍的鸡尾酒使用的是边长为 2 厘米及 4 厘米的方冰。

4 厘米方冰

边长为4厘米的方冰由4千克的冰块16等分制作而成。用冰锥和菜刀切冰块的方法是一样的，用刀尖对着冰块垂直方向切下。切冰块时动作一定要快，将切好的冰块按照不同大小，分别装进不同的保鲜袋（或者密封袋等）之后，放入-20℃环境下冷冻保存，使用前移至-10℃的冷冻室。冰块冻结实之后再提高温度更容易处理。

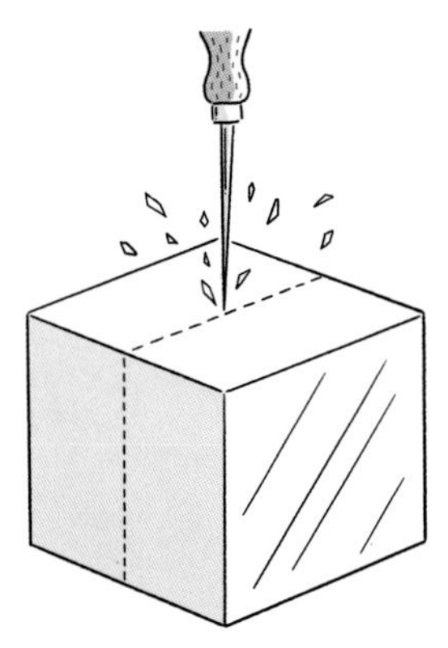

◆使用冰锥

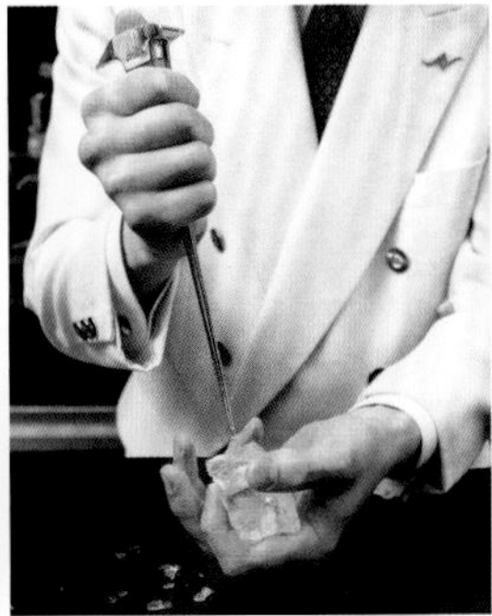

◆使用菜刀

2 厘米方冰

边长为2~2.5厘米的方冰制作方法：将市面上买来的或从大冰块中切分好的冰块放进浅筐，用水轻轻冲洗，分装入密封袋，在冷冻室里放置一晚备用。两段式摇和法和搅和法的鸡尾酒中使用这类冰块的频率最高。

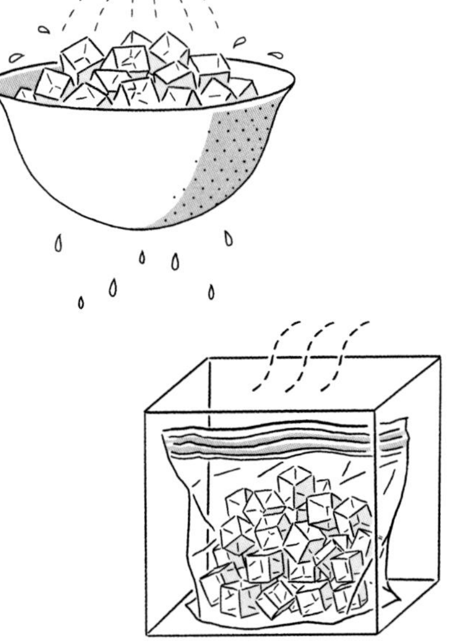

◇ 钻石切

摇滚风格的鸡尾酒中经常使用
硬朗有棱角

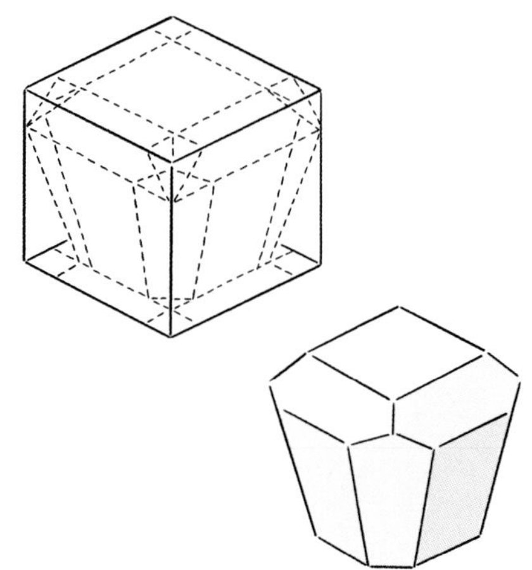

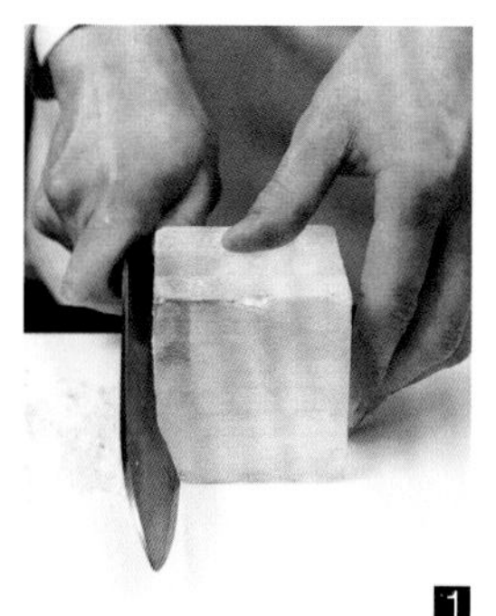

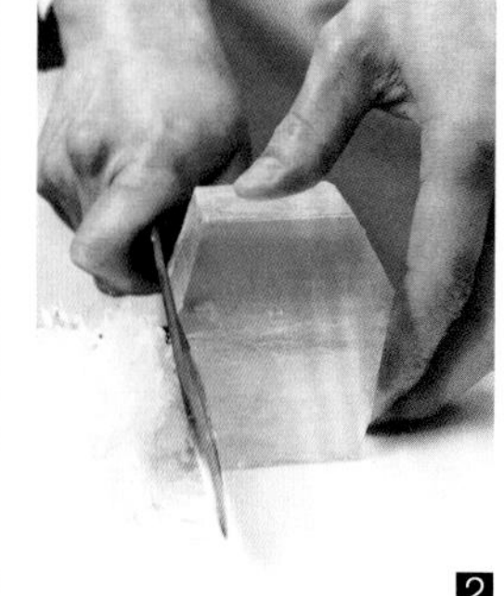

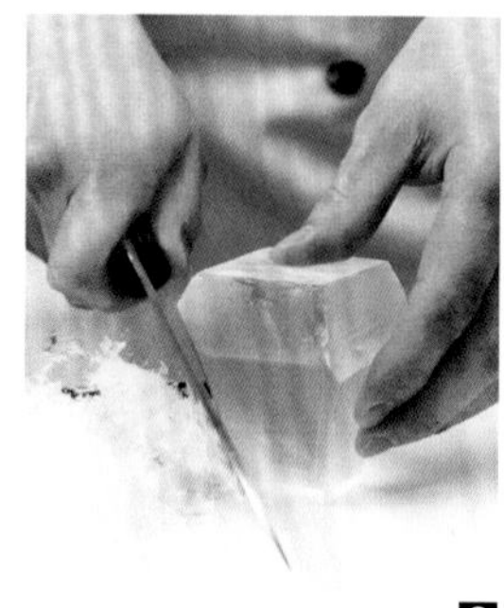

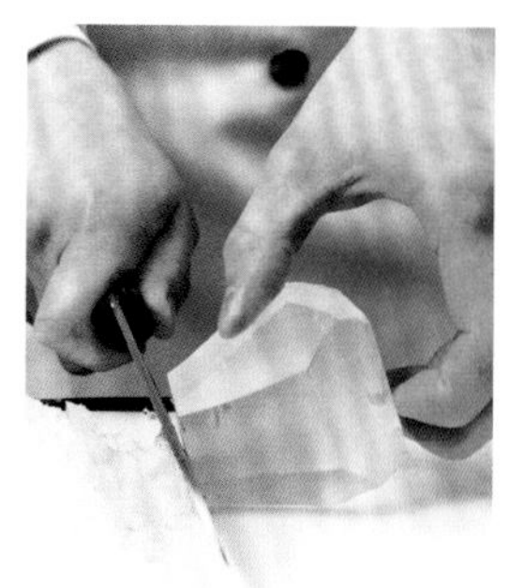

1 准备一块正方体的冰块，用菜刀斜着切下冰块周围四个面的 1/4。

2 冰块上下翻转，将剩下的 3/4 也按照同样的方法切除。

3 切下的冰块纵向有八个边缘线，接着分别沿着这八个边缘线斜着切下去。

4 最后保持冰块形状整体的平衡感，将冰块上下分别切下一小段。使用之前将切好的冰块转移到 -12℃的环境中，这样可以有效去除冰块表面的结霜。

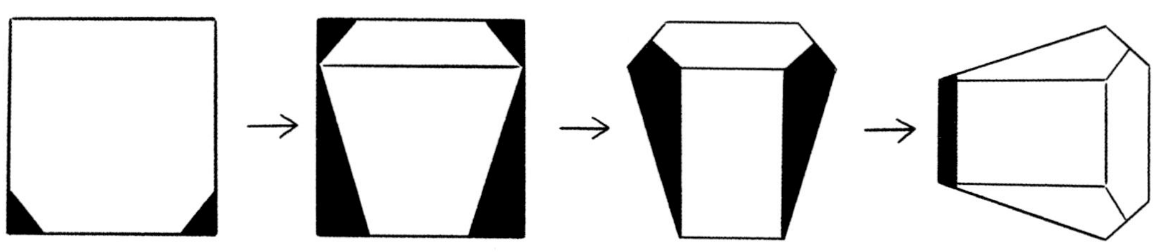

◇ 圆冰　最容易融化的冰块形状

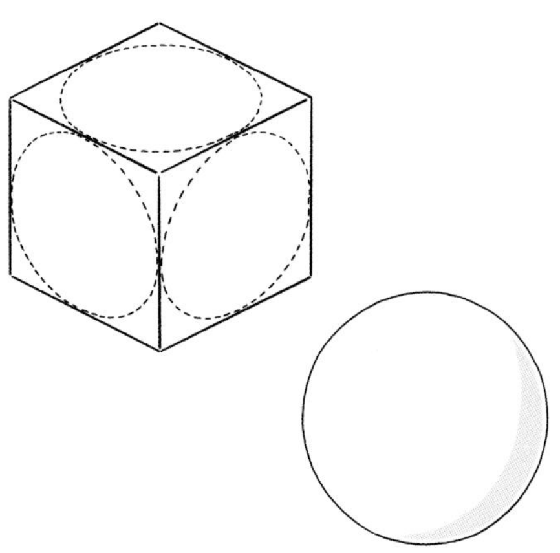

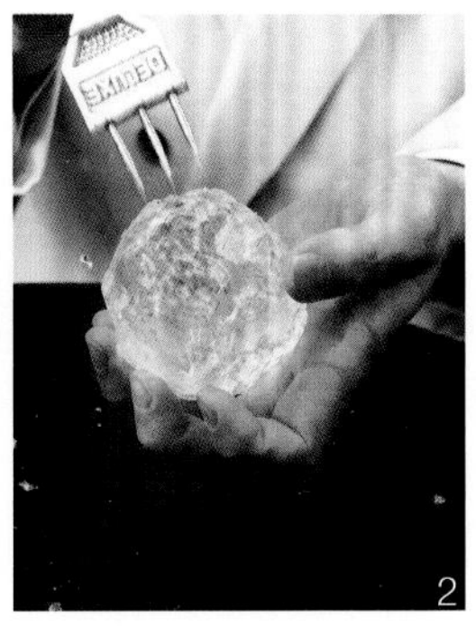

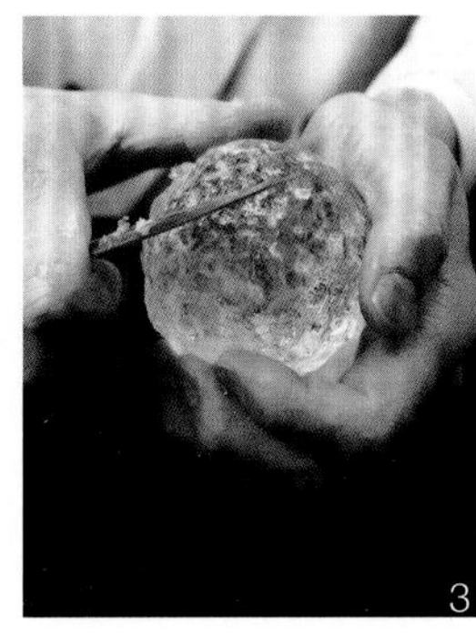

1 先使用三叉冰锥，将正方体冰块所有的棱角都削去。

2 一边转动冰块，一边将冰块调整成圆形。

3 用小刀进行更加精细的调整。

4 用水轻轻冲洗，在手中来回滚动，用手的温度磨合成冰球。最后将球体放入冷冻室定型。

◇ 碎冰　可以为冰沙鸡尾酒和莫吉托制造出清凉感

将市面上买到的冰块放入冰块搅拌机就可以制成碎冰。若没有搅拌机，可以将冰块放进一个结实的密封袋里，密封袋外包裹一层毛巾，用碎冰棒敲打即可。

柑橘类水果

柑橘类水果可以作为装饰，也可以用来提香
从果汁到果皮都可以充分利用，一点儿都不会浪费

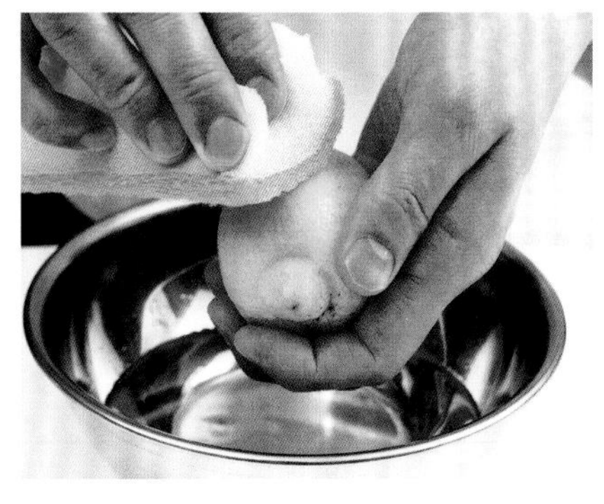

除蜡

在大碗里装入清水，加入洗涤剂，洗涤剂和清水比例为1:4。使用硬海绵清洗果皮表面。清洗时需要用力摩擦，直到果皮表面平滑。

 果汁

掌握好压榨的方式就可以有效减弱柠檬的苦味
不需要用力旋转，更不需要用力挤压

1 将柠檬切成两半，用刀切一个V形将中间白色的部分去除。**2** 用刀在果肉部分切几刀，这样更利于果汁流出。**3** 将果实按在榨汁器的中间凸起部位，从上端轻轻按压。按压完一处之后就换一个地方，柠檬每一处都要按压。用力旋转柠檬挤压会使果汁变苦，因此从上边轻轻按压即可。**4** 过滤果汁，装进容器。

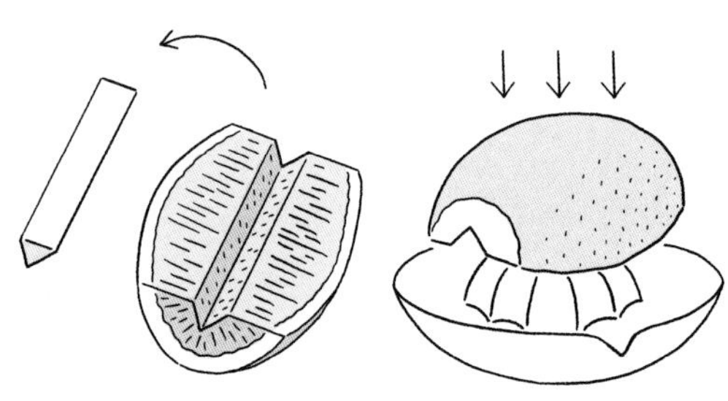

◇ 切块，切片

柠檬片可以装饰在杯中，也可以装饰在杯沿让鸡尾酒更加美观

1 将柠檬一分为二，再分别切四等份。2 去除白色部分，去除柠檬籽。3 在果实部分切上几刀方便果汁榨取。4 如果切片使用，只使用柠檬中间部分，厚度在1毫米左右。

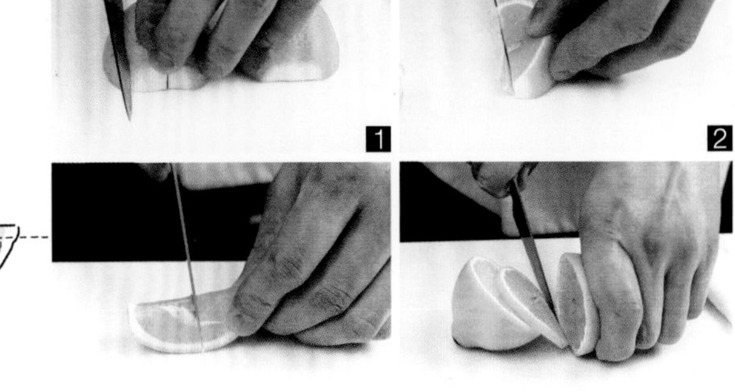

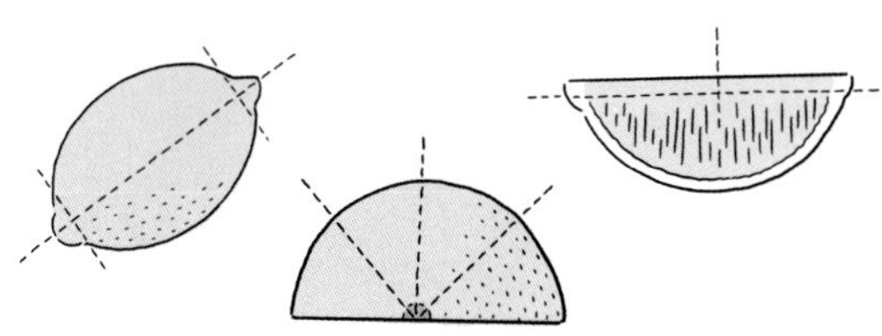

◇ 果皮

用于提香
主要使用柠檬和青柠的果皮

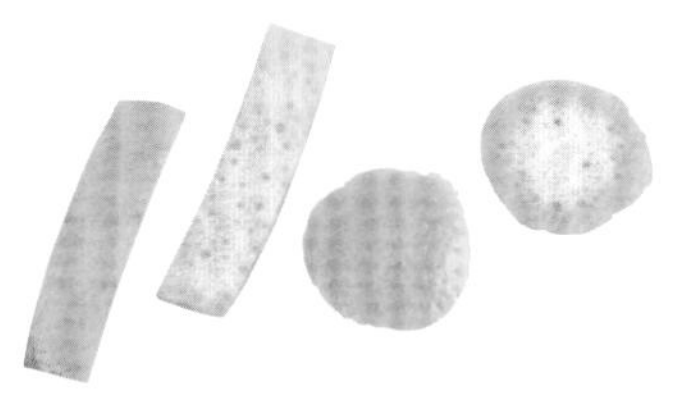

1 将柠檬表皮切下薄薄一层，切下后将内表面的白色部分适当削除。要注意适当保留白色部分，只剩黄色部分会不容易压榨。2 果皮一般制作成长方形（4厘米×1厘米）和圆形（直径2.5厘米），可以根据自己的喜好调整形状。

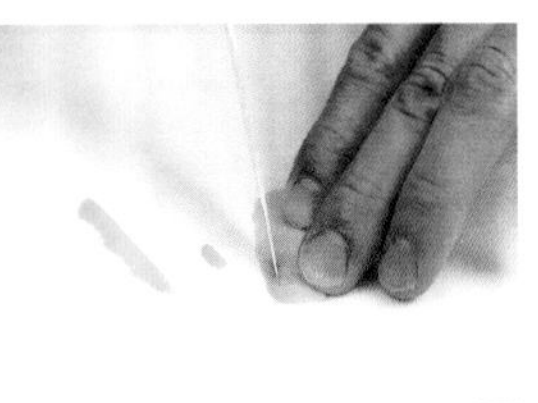

果皮放在保鲜盒里用水轻轻沾湿，用厨房纸包裹之后保存。

◇ 螺旋状橘子皮

适用于复古风格鸡尾酒的螺旋状果皮

1 将橘子皮削出一个长条。2 切出一个平行四边形（9厘米×1.5厘米），按照喜好在平行四边形中间切一刀。3 两端用相同的力扭动，形成一个比较紧的螺旋形状。

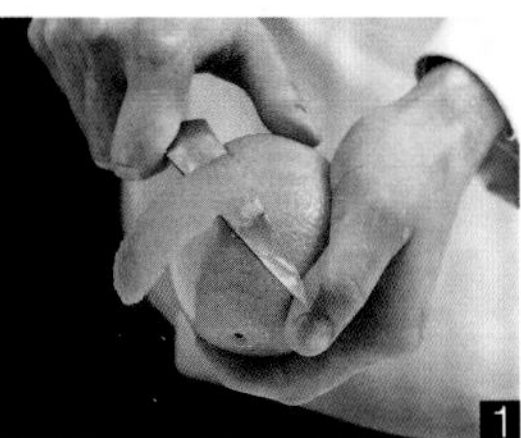

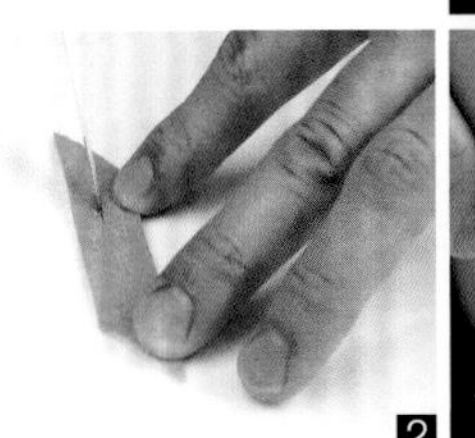

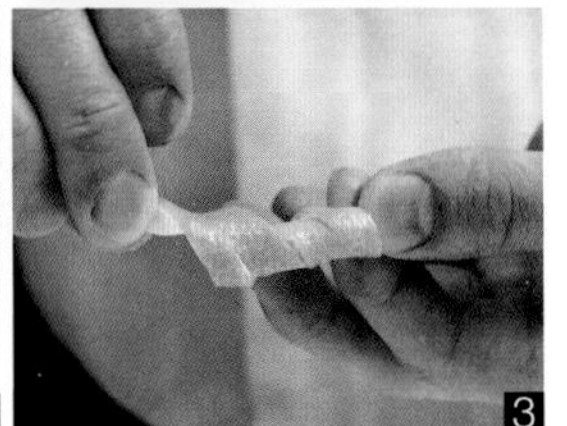

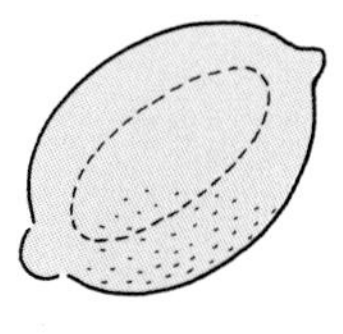

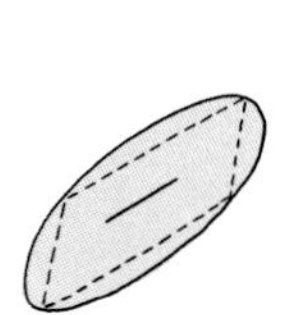

◇ 螺旋状柠檬皮

如马颈鸡尾酒等，用一整个柠檬的皮来装饰

❶ 从柠檬蒂开始切，顶端的部分可以稍微带一点果肉。❷ 从一端开始螺旋式将果皮削下，中途不能断。❸ 两端分别切下一部分，果皮宽度为 1~1.5 厘米。❹ 柠檬蒂的部分搭在杯沿上，剩下的果皮放在杯子里，形成一个螺旋的形状。装杯时先将螺旋状柠檬皮放入杯中，再倒入液体。

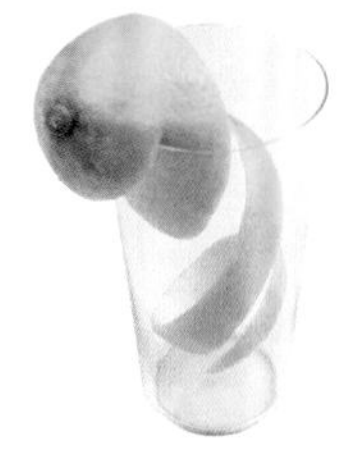

1

2

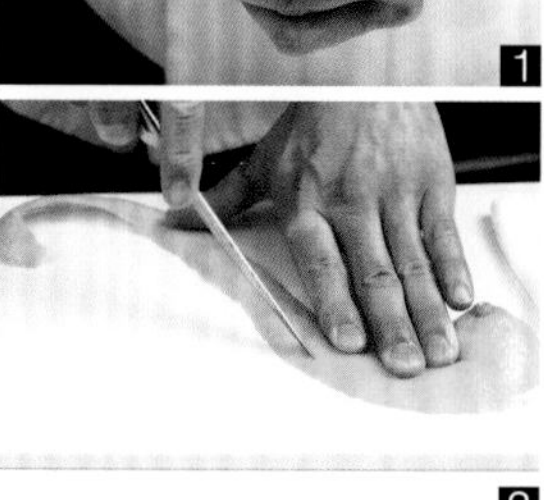

3

4

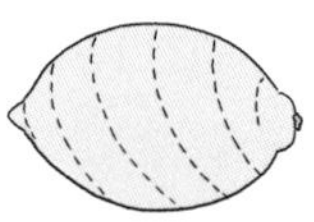

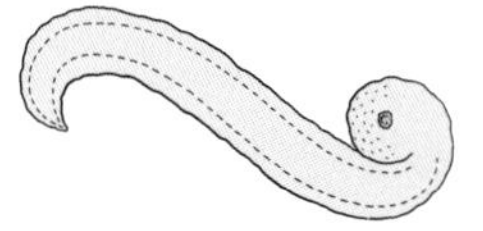

◇ 香草（薄荷）

1

2

❶ 箩筐里放入薄荷，用流水轻轻冲洗。❷ 将水沥干，平铺在厨房纸上后直接放入容器保存。莫吉托之类的鸡尾酒会大量使用薄荷，所以需要提前准备好。

◇ 糖浆（自制）

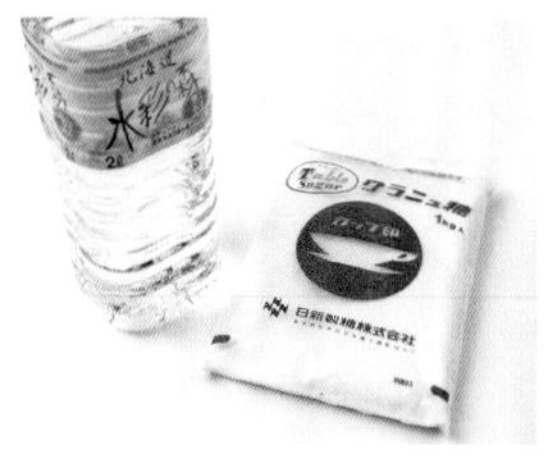

白砂糖和水（纯净水）以 5:3 的比例混合。放入锅中用中火慢煮（注意不能沸腾），白砂糖全部溶解了就关火。冷却之后放容器中冷藏保存。

◇ 混合苦精

将橘子苦精酒和安高天娜苦精酒以 1:1 的比例混合使用。尼格龙尼和斯普莫尼等鸡尾酒中会使用。

◇ 装饰

樱桃类装饰食材用清水冲洗除蜡。橄榄在使用前要轻轻冲洗去除盐味，但有的鸡尾酒是直接使用的酒浸小樱桃，可不用清洗直接使用。

◇ 碳酸类饮料

从左至右分别是：苏打水、汤利水、姜汁汽水。

◇ 白砂糖

从左至右分别是：白砂糖、和三盆糖、上白糖。

比起液态的果汁糖浆，和三盆糖更适合短饮鸡尾酒，可以打造出扎实的口感。

◇ 盐

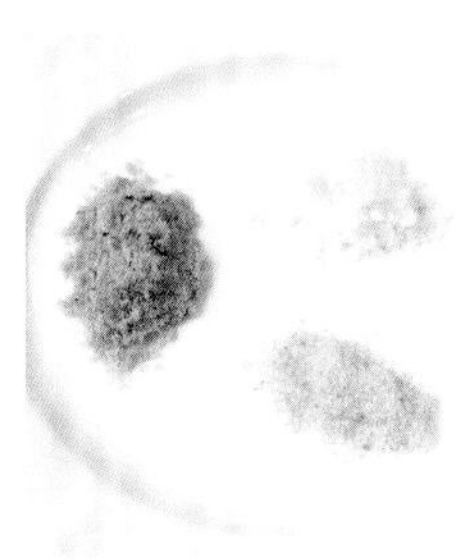

从左开始顺时针方向分别是：松露盐（松露马天尼、血腥玛丽的材料之一）、海盐（玛格丽特的材料之一）、岩盐（咸狗、血腥玛丽的材料之一）。

◇ 乳制品

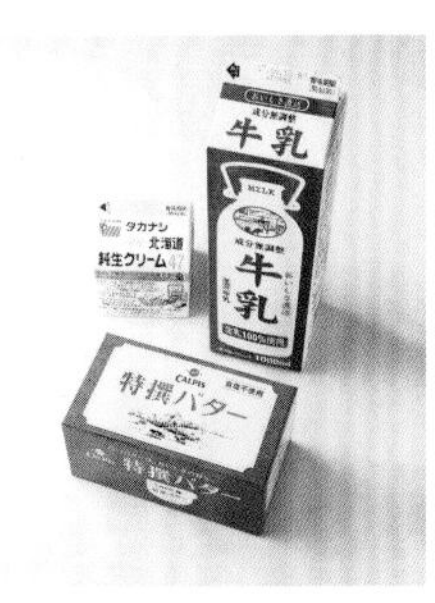

分别是牛奶、生奶油、黄油。爱尔兰咖啡（这是一款鸡尾酒）、热奶油朗姆等在寒冷天气里喝的人比较多的鸡尾酒及口感比较柔和的鲜奶油系鸡尾酒经常使用。

◇ 香料

分别是粉红胡椒、丁香、肉桂棒、肉豆蔻。

可用于热葡萄酒等热的鸡尾酒，以及使用乳制品的鸡尾酒中，作为配料使用。

◇ 其他

自制红石榴糖浆、鸡蛋、生奶油、咖啡豆，以及制作热奶油朗姆的混合黄油。

基本手法

仅仅是行云流水般漂亮的动作
就可以变成“商品”
通过反复练习，掌握流畅的动作

◇ 瓶盖的开启方法

1 左手握住酒瓶的颈部。**2** 右手握住酒瓶的瓶身，左手缠绕在瓶盖上，将瓶盖紧紧抓住。**3** 两只手抓着酒瓶外侧旋转（右手向右转，左手向左转），这样就可以自然地打开瓶盖。**4** 左手的食指和拇指夹住瓶盖，右手倒酒，在倒酒时左手也要一直保持这个姿势。

◇ 擦拭酒瓶口的方法

每次倒完酒之后，都要用手帕擦拭瓶口，如果瓶口残留液体较多，建议使用毛巾。

◇ 量杯的使用方法

1 用食指和中指夹住量杯，拇指撑着杯体下部。酒瓶夹在拇指和手掌之间，为了测量准确尽量水平。**2** 瓶口尽量靠近杯口，将酒倒入量杯。**3** 量杯由靠近自己的方向向外倾斜。**4** 大臂夹紧，手腕带动量杯转动，把酒从量杯倒入酒杯，直到最后一滴倒干净。

◇ 吧勺的使用方法

1

2

1 吧勺一勺的容量约为 5 毫升。从瓶口小心地把酒倒入吧勺，要注意不要洒出来。

2 勺子的位置尽可能不移动，由身体向外转动勺子，将酒倒入杯中。

◇ 目测酒量的方法

要练习不使用量杯等计量工具，目测酒量的方法。

用眼睛观察瓶口流出的液体的量及速度，通过反复练习来掌握感觉。

◇ 冰夹的拿法

1 这个姿势是取吧台上物品时的姿势。

2 这是从水槽等吧台之下的地方取东西时的姿势。使用夹子时手肘不能抬起，要不断练习，提高夹取速度。

1

2

◇ 苦精酒瓶的摇动方式

1 右手食指和中指夹住瓶子的上部，拇指按住盖子，用这个姿势拿着瓶子。

2 左手稳稳地扶住搅拌玻璃杯，右手将苦精酒瓶迅速颠倒，倒出一滴。若需要多滴，就颠倒之后上下垂直晃动几次。晃一下可以取到的量大约为1毫升，颠倒瓶子自然流出一滴的量约为0.2毫升。

1

2

◇ 碎冰棒的使用方法

碎冰棒可以充当研磨棒，用来捣碎混合水果、香料、果皮等。根据主体的材质（木质或不锈钢）、顶端（树脂和突起）的加工工艺、大小的不同，分为各种类型，使用时可以根据目的进行合理选择。紧紧抓住碎冰棒上部，拇指按住顶端，一边按一边研磨。

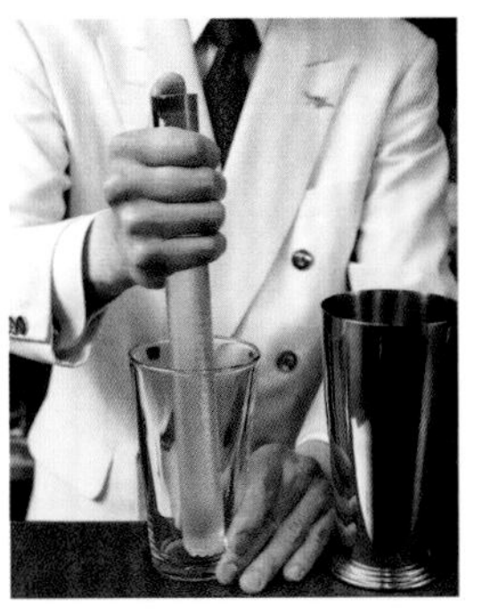

◇ 玻璃杯的擦拭方式

长饮杯

1 拿起对折的玻璃杯专用毛巾将两端展开，用左手托住闻香杯底部。**2** 用右手的小指，在毛巾边上卷一卷。**3** 将毛巾塞至玻璃杯底部，右手拇指放入玻璃杯内。**4** 剩下的四个手指从毛巾的外侧压住玻璃杯，左右两只手交替反向转动，同时擦拭玻璃杯内外。

短饮杯

1 右手握柄（腿），左手将对折的玻璃杯专用毛巾放入杯中，将拇指放入，剩余手指轻轻托住杯子。**2** 右手反手握住酒杯腿，用毛巾的一端包住酒杯腿，左手从反方向旋转酒杯并擦拭。**3** 用毛巾沿着杯脚从杯底向上擦。**4** 擦拭完毕后要注意不要留下指纹。

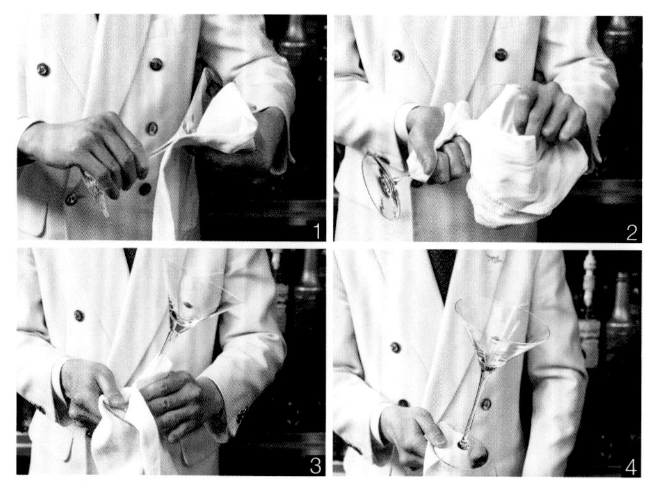

◇ 玻璃杯的清洗方式

用中性的清洗剂，使用海绵擦去污渍后，用30~40℃的温水充分冲洗。清洗剂和水的比例为1:5，这种方式适合油污比较少的酒吧。

◇ 雪克杯的清洗方式

1 用沾了中性清洗剂的海绵清洗雪克杯的各个部分。

2 顶盖的瓶口部分比较容易有食材残留。用牙线进行清理。

3 为了方便之后使用，将瓶身倒扣，盖住过滤盖和顶盖。

◇ 磨刀的方法

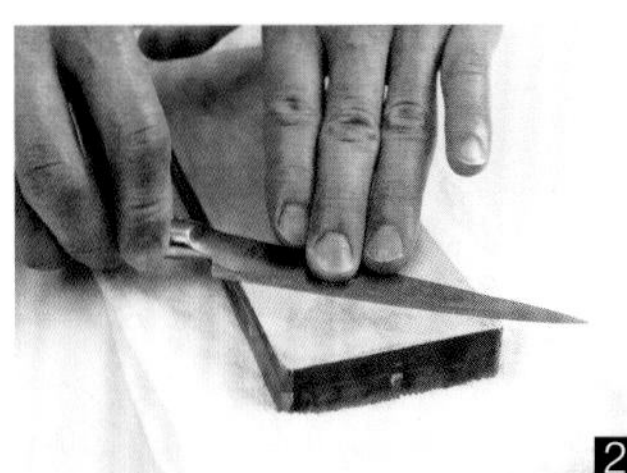

1 提前将磨刀石在水中浸泡 30 分钟，让表面更加光滑。磨刀石下面垫一块毛巾可以防止其移动。

2 用手按住刀的一边开始磨，有的刀是单刃，有的刀是双刃，要根据刀的不同来调整磨法。每周磨一次。

山田先生的习惯是从刀的根部开始向刀尖磨，正面磨 70%，磨的时候稍微加大点角度；反面只磨 30%，不需要抬高。

标准鸡尾酒及拓展示例

马天尼（Martini）——106 页

法国情怀（French Connection）——119 页

杰克玫瑰（Jack Rose）——110 页

壮丽日出（Great Sunrise）——120 页

冻唇蜜（Frozen Daiquiri）——120 页

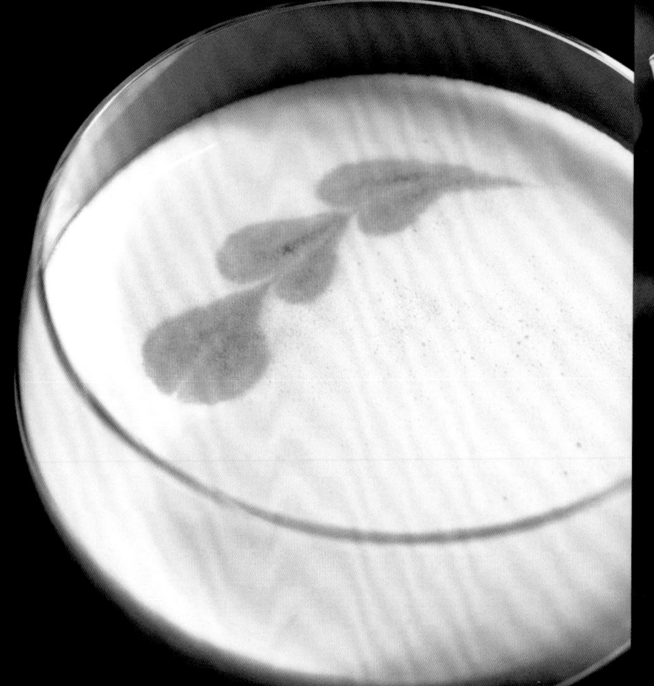

威士忌酸酒（Whisky Sour）——121 页

新加坡司令（Singapore Sling）——119 页

往日情怀（Old-Fashioned）——109 页

美国丽人（American Beauty）——111 页

咸狗（Salty Dog）——113 页

金汤力（Gin & Tonic）——111 页

竹之味（Bamboo）——113 页

北极捷径（Polar Short Cut）——114 页

白兰地火焰（Brandy Blazer）——117 页

热黄油（Hot Buttered Rum Latte）——116 页

莫吉托（Mojito）——112 页

边车（Sidecar）——107 页

红海盗（Red Viking）——116页

萨泽拉克（Sazerac）——118 页

亚历山大（Alexander）——110 页

玛格丽特（Margarita）——108 页

曼哈顿（Manhattan）——107 页

白色丽人（White Lady）——107 页

Fresh Ingredients

以新鲜材料为灵感创造的鸡尾酒

用各种食材调兑的鸡尾酒

基本味道和组合打造

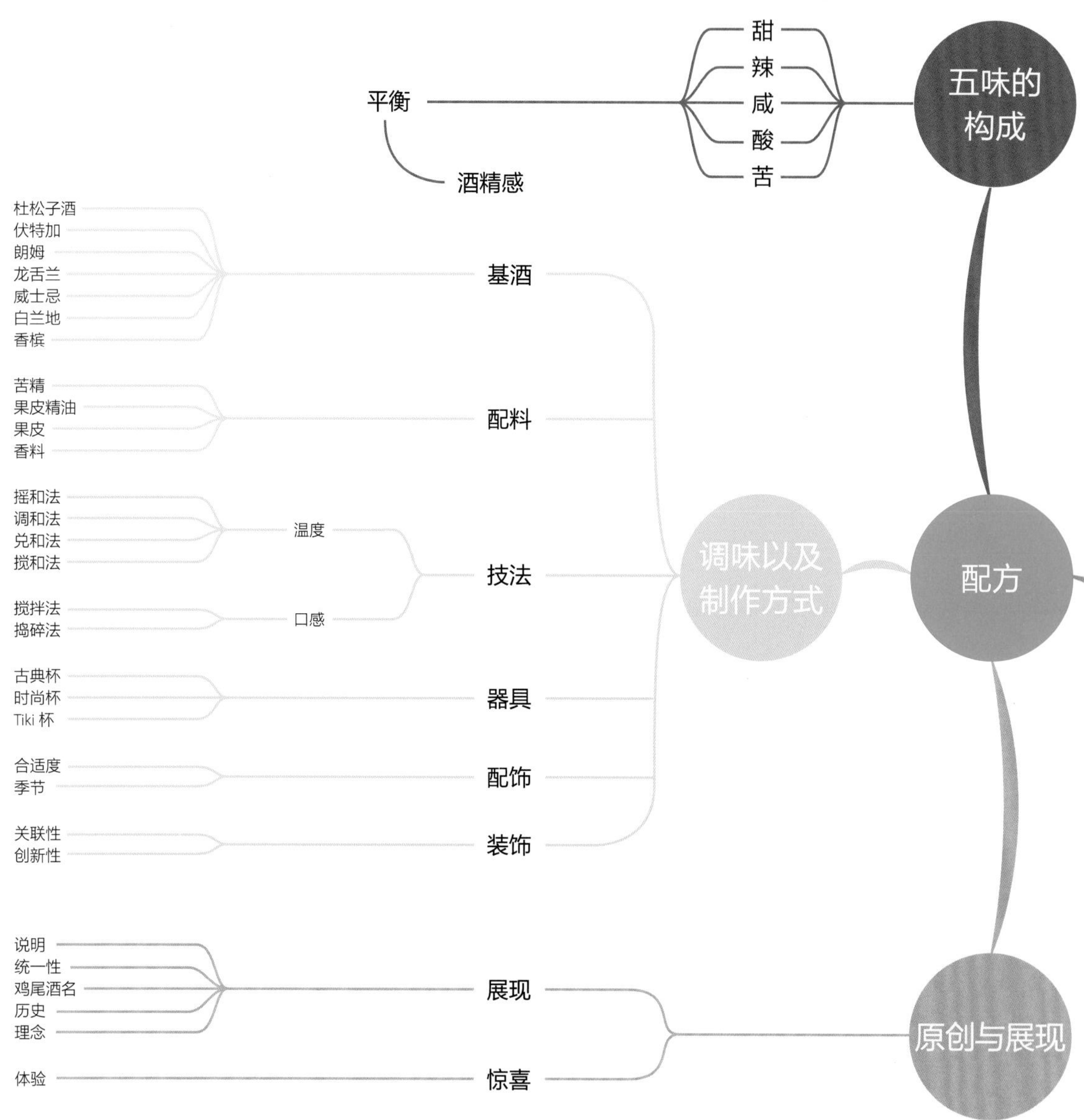

下面的图是宫之原先生在设计食谱时，想到的各个要素，以及由此派生、展开的食材。现在，新鲜水果鸡尾酒的模式已经基本固定，那么如何激发食材的优势，将它们进行组合，产生新的口味呢？比起用果汁制作的鸡尾酒，用水果制作鸡尾酒更需要确切的制作方法和独特的构思。

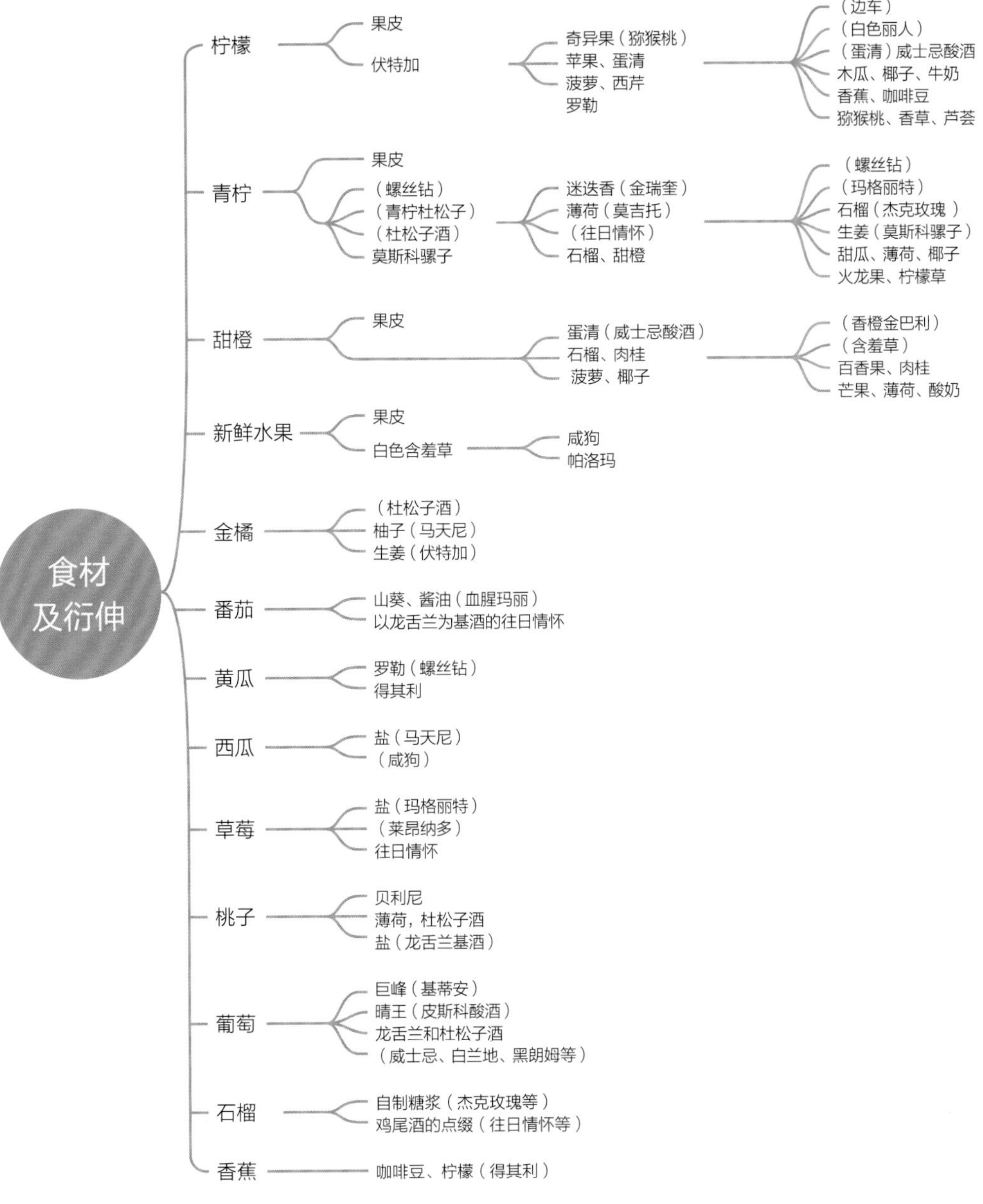

什么是五味

五味就是酸、苦、甜、辣、咸。五种味道的区分靠的是新鲜水果、果皮、香料、基酒之类的鸡尾酒材料。接下来讲解调味的关键，有很多作者原创的内容。

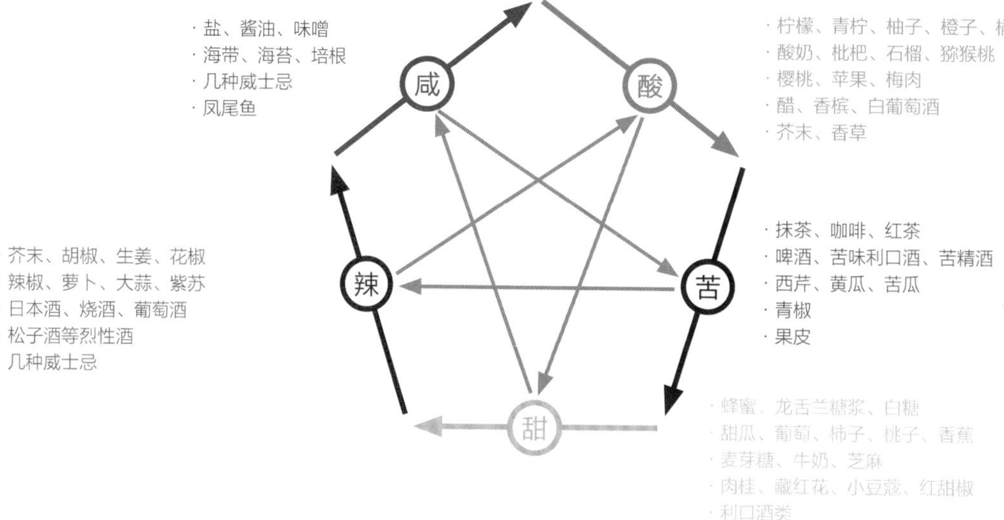

◇ 味道结合方式的窍门

五味有互相作用的关系。一种是将外部环环相扣成五边形，另一种是将相对的项目环环相扣成星形。五边形中顺时针方向旋转，箭头起始位置的材料会促进箭头指向位置的材料，形成相生的关系，混合会使效果变得更好。而在星形上的材料会相克，互相抑制机能。甜味和辣味、盐味和辣味互相衬托。另外，如果酸味太重，就用甜味来缓和；如果甜味太重，就用咸味来平衡。

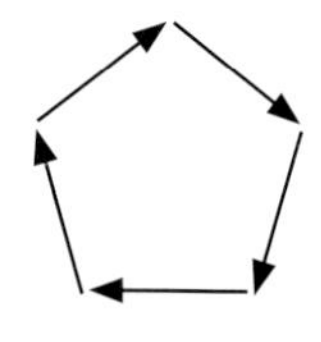

相生——互相衬托，发挥优势

（例）教父
苏格兰威士忌的辣味通过甜椒的甜味映衬出来

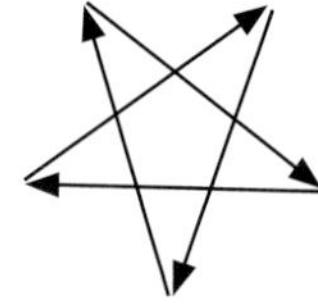

相克——抑制机能

（例）皇家基尔
香槟的酸味可以用黑加仑利久酒的甜味中和。

◇ 图形式的规律

另外，宫之原先生有独特的思考方法，就是把上图的五种味道像雷达图一样使用。通过图形方式掌握每一种味道的强度，可以改变平衡，使结构复杂化（或简化），并且可以在利用具有独特风味水果的同时提高味道的综合口感。通过这种方法可以明确每种鸡尾酒都是由多种平衡性的味道组成的。

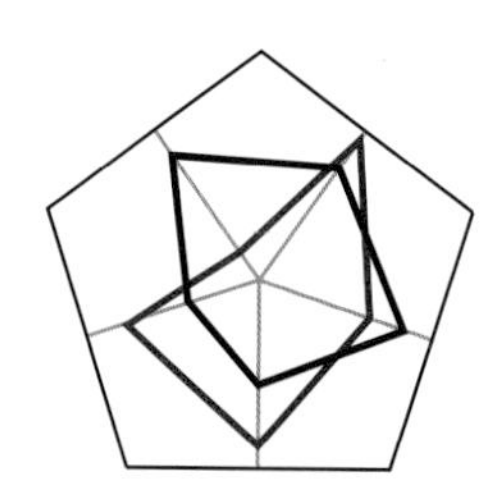

关于技法

用新鲜材料制作鸡尾酒时，需要从“衬托材料”的角度重新审视所有的技术。需要思考如何最大限度地发挥材料的独特风味，需一边灵活地调整出最合适的技法，一边创造成品的平衡和味道。

四种基本技法的活用

归根结底，鸡尾酒中最关键的还是食材，很少去关注技法和工具，但是先用波士顿雪克杯搅拌才能进行下一步操作的波士顿摇和法，还有可以迅速搅拌粉碎材料的搅拌机，都是经常使用的。另外，四种基本技法的精髓和创意不仅与其他技法相通，而且各种技法还会相互结合在一起。希望大家能够牢牢掌握这四种基本技法的精髓和创意。

备受关注的技法

◇ 充气

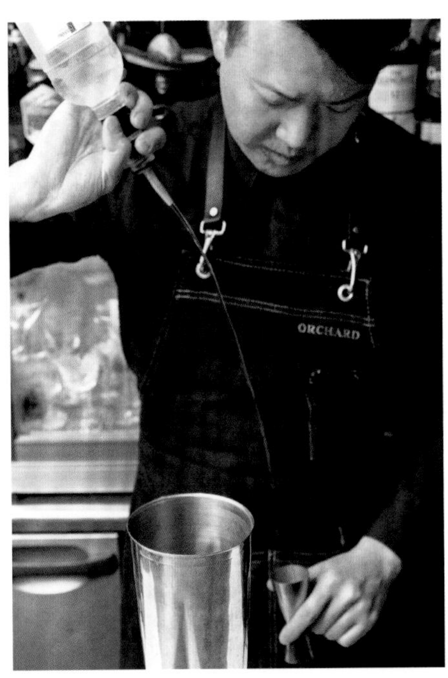

在瓶口上安装一个油嘴，从较高的位置将液体以线性形式从端口倒出，这些液体相互之间碰撞的同时混合在一起，从而使空气充分进入液体，口感变得更加顺滑。含有较多气泡的液体容易与副材料混合，使多余的乙醇挥发，成品香味会更加浓郁。

主要用途：
以金汤力和莫斯科骡子为首，几乎所有的鸡尾酒都会用到这个技法。

◇ 抛接技法

用两个大小相同的容器（如品脱杯或波士顿调酒杯），像传球一样将液体在两个杯子之间传递。这种技法可以让空气充分进入液体。另外，液体在两个杯子之间倒来倒去，口感变得顺滑，香味更浓郁。水果的甜味会加重，口感更加温和。

主要用途：
需要清爽口感，并且味道的整体感较强时推荐使用抛接技法，如血腥玛丽、咸狗等鸡尾酒。血腥玛丽中的番茄和水、基酒容易分离，用这种方法可以让番茄充分与其他成分融合。血腥玛丽如果用摇和法就会让番茄和其他成分分离。

1 将液体倒入装有冰块的雪克杯中。 2 3 在将液体倒回空雪克杯之前需要先将上半身稍稍旋转倾斜。这样液体在转移时也会带上旋转的动作。4 5 将液体转移到空的雪克杯时，一边让液体保持在一个轨迹上运动，一边让液体本身带上旋转动作。几次往复之后，最终将液体转移到装有冰块的雪克杯中，并做一个收尾动作，即稍加力度将杯中水沥干，与此同时为下一波动作做好准备，将姿势调整至准备姿势。

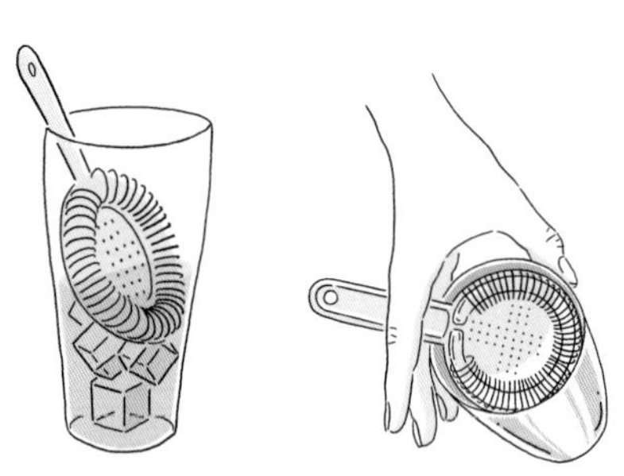

滤网使用没有边缘的（无耳型），压住冰块放在雪克杯的上端边缘。用右手食指按住滤网柄。

point!

一开始是向正下方倒液体，动作熟练后就改为斜向下方倒。不要忘了让液体旋转。

◇ 碎冰鸡尾酒

用碎冰制作鸡尾酒的技法，可以让空气与液体充分混合，同时让玻璃杯迅速降温冷却。首先将碎冰和材料一同放入玻璃杯内，将碎冰棒插入玻璃杯正中央并用两个手掌夹住，像钻木取火一样让搅拌棒高速旋转。可以让材料的味道和香气更加突出，使材料与空气充分混合，口感更加柔和。

主要用途：
莫吉托、薄荷朱莉普、提基鸡尾酒，以及使用果皮或香料作为材料提味的鸡尾酒。

搅拌棒通常一端有五六个分叉，采用生长在西印度群岛植被的枝干制成，是制作加勒比风格鸡尾酒不可缺少的工具。

◇ 研磨法

研磨法是用研磨棒将水果、香料、香草等捣碎后混合。研磨程度可以自己把控，做成自己喜欢的口感。例如，将柑橘类水果的果肉或果皮捣碎，将果汁或果皮中的油分加入鸡尾酒时，就可以用这种方法。另外，桃子等水果使用搅拌器会加快氧化，导致褐变，使用研磨棒既可以保留水果颗粒，制成特别的口感，又可以保持新鲜水果的颜色，成品十分漂亮。

主要用途：
用兑和法制成的水果鸡尾酒，以及在鸡尾酒中想保留水果口感的时候使用。

发挥食材本味

储存方式不同，食材变化会很大。通过适当的清洗方式和存放方式，可以充分调动食材原本的味道。水果及果皮会随着存放时间发生变化，根据这个特性找出每个鸡尾酒最适合的调制方法也是值得探究的课题。

香草、香料

◇ 清洗方式

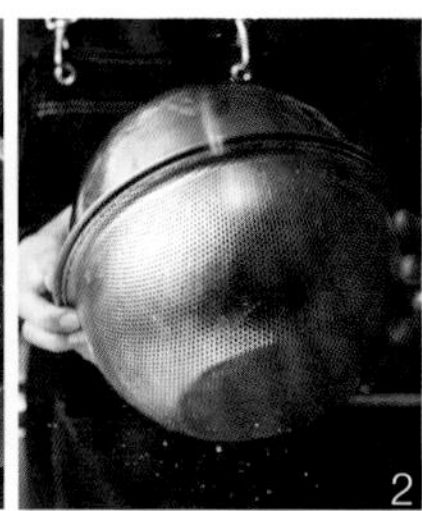

1 将香草放入水盆中轻轻淘洗，加入冷水再次淘洗后放置几分钟，让香草充分吸收水分。 2 用篮子将香草中的水分沥干。口径相同的水盆和篮子配合使用效果会更好。 3 将香草在毛巾上铺开放置10~15分钟，直至香草上的水分完全吸干。

◇ 保存方式

将密封式的玻璃容器内壁打湿后，沥干水分，将香草轻轻放入容器内，注意不要损坏香草叶。如装得太满会损坏香草叶，装得太少会造成太多空隙，香草叶过多接触空气也会损坏。在经营鸡尾酒吧时，用这种透明的容器更能起到装饰作用。营业结束后，将香草叶转移到保鲜袋中冷藏。保存环境和香草叶的生存环境越相近保存时间越长。

◇ 香料类

图中从最左边顺时针开始分别为：高丽参、朝天椒、肉桂、八角、小豆蔻。香料放入防潮密封容器中，避光避热保存。

柑橘类

◇ 随着放置时间增加水果发生的变化（青柠）

刚买来时，青柠表面有光泽和弹性，经过一周的时间渐渐消失，这时从外观可以看出一瓣瓣果肉。两周后光泽感彻底消失，果皮开始干瘪，体积开始渐渐萎缩。上述提到的只是大致的时间节点，随着放置时间的增加，酸度会减少，随之而来的甜度和浓度都会增加。下面要说的是柑橘类水果共有的，味道变化时的处理方法。

刚买来时

酸味比较强，甜味很少，稍带苦味。这个状态的果皮可以直接作为配料使用。吉姆雷特、金青柠、金汤力、莫斯科骡子等鸡尾酒适用。

一周后

这个状态适合做成果汁，香味比较浓，果皮不太适合直接使用。莫吉托、金瑞奎等鸡尾酒适用。比较适合复古风格的鸡尾酒。

两周后

这个时候酸味已经差不多消失，适合在水果鸡尾酒及混合鸡尾酒中使用，如杰克玫瑰等。

◇ 果皮的取用及保存方式

一般会在刚购入水果时就取下果皮，果肉放至酸味消失后，榨成果汁使用。需要注意，取果皮时尽量不要削掉白色部分，这部分可以有效保持果肉水分。取下的果皮要将白色部分尽量去掉，否则苦味过重。用保鲜膜仔细包好放在温度不太低的冷藏室。

◇ 鲜榨果肉（橙汁）

榨果汁时将鲜橙纵向分成两半，再在中间切一个大大的“V”字，直到完全去除白芯。切掉中间白色部分是为了减少苦味。将橙子中心对准压榨器中间凸起部分，用手指轻轻挤压，然后一边转换位置一边挤压，要注意不要用力过度或只旋转没有按压的动作。

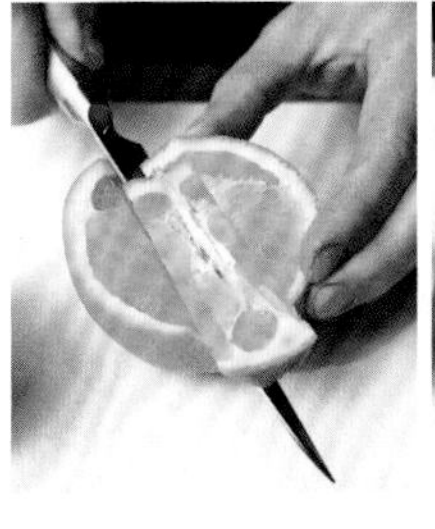

水果、蔬菜

◇ 催熟水果及判断方法

新鲜水果和蔬菜放置一段时间后，颜色会变鲜艳，香味和甜味都会增加，并且果肉会变软。果肉中富含的蛋白质和果胶会被酵素分解，之后变成糖分，使得水果出现上述变化。右图所示是在15~20℃室温、通风良好的环境下，水果成熟的过程。那么如何判断什么时候味道最好呢？香蕉糖分变高时表皮会出现黑色斑点，番茄变红，肉质变柔软时，这时最好吃。另外，有些无须催熟的水果可以通过外观判断是否适合食用，如葡萄在梗变成褐色，葡萄和梗可以轻易分离时，口感甜度刚刚好，适合作为鸡尾酒的材料。

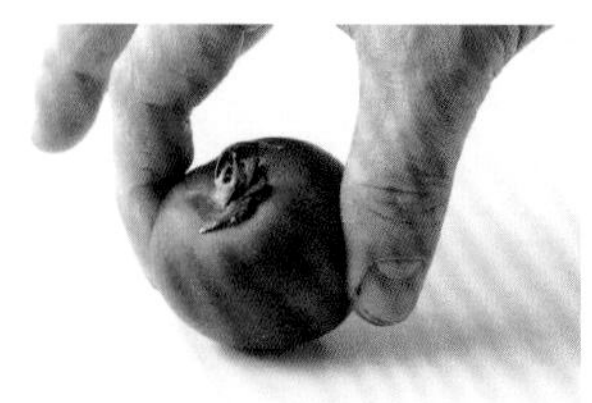

◇ 不适合催熟的水果

当然，并不是所有的水果都适合催熟之后再食用。如柚子的独特香味、金橘的淡淡苦味等，维持的时间都很短，只能保持一周左右。草莓的果皮非常薄，在干燥环境中会立刻变质，需要购入之后立即使用。

适合催熟的水果、蔬菜

通过催熟或者相近的操作使味道更好的水果、蔬菜一览。照片的最右边是催熟之后的状态，具体使用方法参照122~127页。

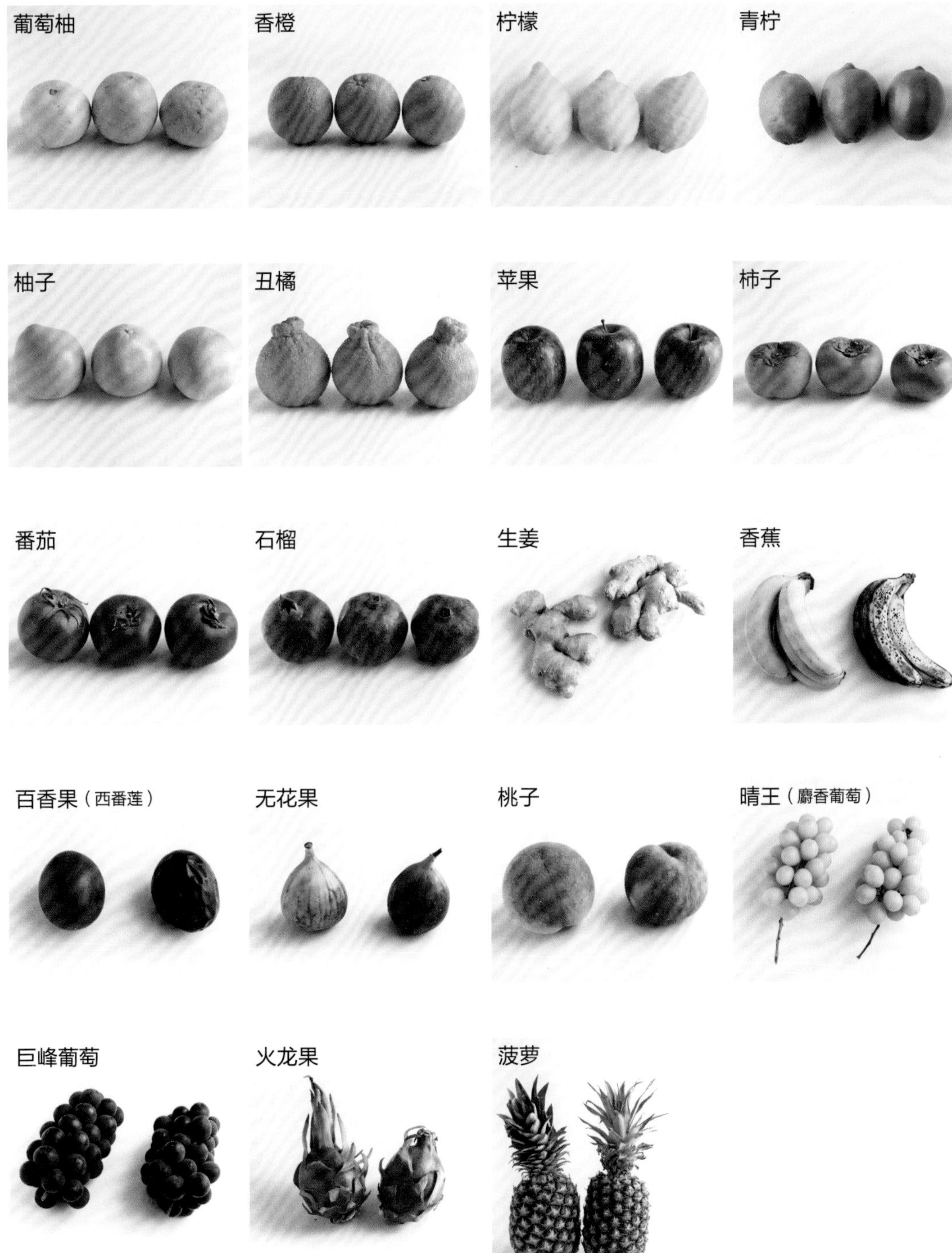

处理方式中的技巧

◇ 轻轻敲打后香味更浓

薄荷叶不用碾碎的方式，而是用轻轻敲打的方式处理，香味更浓。如果用研磨棒做出类似手拧一样的动作，虽然香味会很快出来，但是这种手法会让口感变涩，变苦。

◇ 轻轻捋香草茎让叶子发出香味

不论放在水中用于装饰的香草叶还是漂浮在液体表面的香草叶，用手从香草茎的根部向着顶部的方向轻轻捋，都可以让香草散发出香味。

◇ 用手剥下果皮

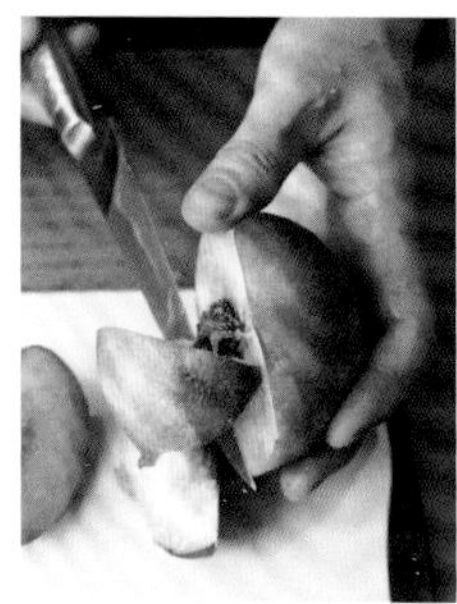

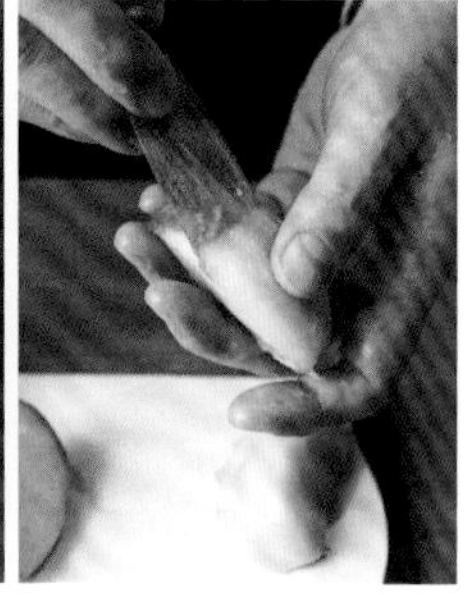

这个方法并不适合所有水果。类似桃子之类果肉非常软的水果，在完全成熟的状态下，用手就可以剥下果皮。用手剥果皮不易损伤果皮，也能有效减少果汁的流失。

◇ 用火也可以去皮

用喷火枪将无花果表面烧至完全变黑，之后再放进水中浸泡，果皮即可轻松剥落。这个方法借鉴了日本传统饮食的技法。

◇ 在水中取出果实

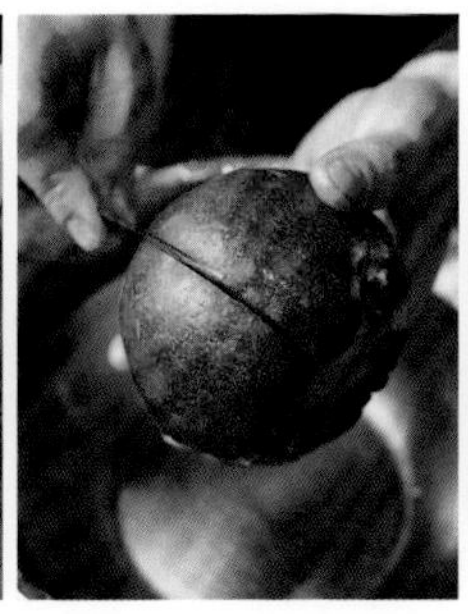

将石榴果实与果皮分离，最快的方式就是在水中剥皮。

◇ 擦拭青柠皮

在金汤力等鸡尾酒中使用到的青柠片，在放入酒杯之前需要用吸水毛巾擦一遍。青柠皮上带有的特殊香味有点类似于迷迭香、桉树的味道，经过擦拭之后会变成类似薄荷的香味。

◇ 对口感的掌控

西瓜的沙质、桃子的顺滑柔软等，只有鸡尾酒才能还原这些特殊的口感。制作血腥玛丽时，为了强调番茄颗粒在经过喉咙时留下的浓郁口感，需要特别换成网孔较粗的过滤网。

◇ 用少量的冰给食材保鲜

食材放入冷藏室会导致甜味减弱，所以基本上新鲜水果和蔬菜都会常温保存。使用前需要在冰水里浸泡，最后加入体积较大的冰块摇晃后即可使用。

用新鲜食材制作的鸡尾酒

金汤力
Gin & Tonic

青柠表皮的油分被擦去后
果皮会散发出类似薄荷的香味
连绵不断的清爽香气令人心旷神怡

青柠……1/6 个
杜松子酒（伦敦干金酒）……45 毫升
汤力水……适量
苏打水……适量

1 在冷却的广口玻璃杯中加入冰块，搅拌过后将多余的水倒出。
2 取青柠角，先将果汁挤进杯中，果皮用吸水巾擦拭。
3 将杜松子酒倒入杯中轻轻搅拌，使之和青柠汁充分融合。
4 加入碳酸类液体时，注意不要直接接触冰块。先倒入汤力水，再倒入苏打水，碳酸的气泡会将二者充分混合。
5 将杯内材料搅动一周，在玻璃杯内壁和冰块之间放入步骤 2 中的青柠角作为装饰。

point

○需要使用新鲜青柠。这个阶段的青柠果实饱满，轻轻一挤即可出果汁，不费力。
○在挤出果汁之后，不要立即将果皮放入杯中，因果皮放在吸水毛巾上擦去油分后才会有薄荷香味。
○虽然也可以选择先将榨完汁的青柠角放入杯中，之后再放入冰块，但最后放入青柠角可以充分发挥出青柠皮的香味。
○苏打水和汤力水整个瓶子放入冰水中冷却。只放汤力水会让口味过甜，所以要配合苏打水使用。

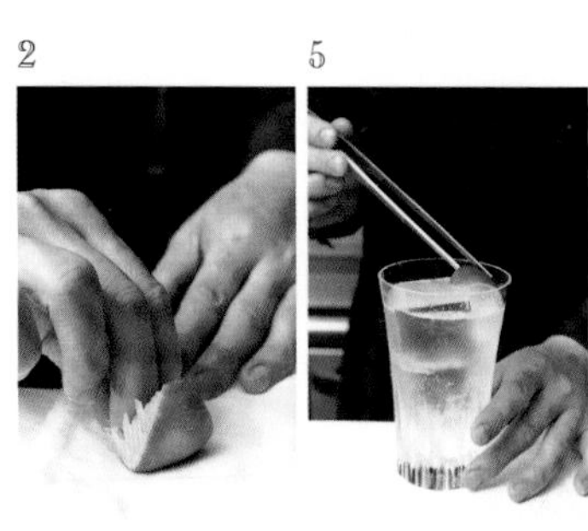
2　5

贝利尼
Bellini

体验成熟桃子的软糯口感
不添加任何调整颜色和味道的辅料
制成最纯粹口感的鸡尾酒

桃子（白桃）……1/2 个
香槟……100 毫升

1 白桃剥皮后切成 5~6 毫米见方的小块，放入波士顿雪克杯中，用搅拌棒搅拌至稍带颗粒感。
2 在杯中加入一个大体积冰块，用摇和法调制。
3 取出冰块，慢慢倒入香槟。
4 倒入冷却了的玻璃杯中。

point

○催熟桃子至甜味充足再使用。因为桃子放进冰箱，表面会变黑，甜味也会减弱，一般情况下会选择在冰水中浸泡冷却。
○桃子使用搅拌器搅打会加重氧化、褐变的进程。用搅拌棒轻轻捣碎果肉，这样不仅可以保持颜色，还可以保留桃子果肉的口感。不建议用柠檬来固定颜色，因为会改变味道。
○摇和的目的是冷却，所以不需要额外的水分，加入体积比较大的冰块。
○尽量不要使用果浆和利口酒，这样可以保留桃子本身的甜味和香味，维持水果新鲜口感。另外，加入香槟后要注意不要搅拌。在雪克杯中调和好后再倒入玻璃杯，可以体现出自然的美感。

1 3 4

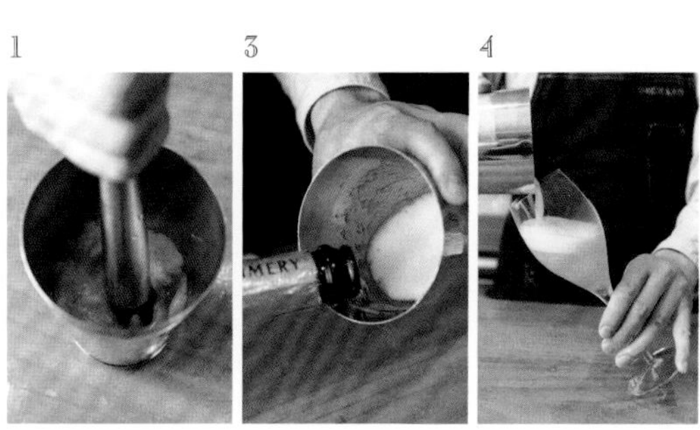

莫斯科骡子

Moscow Mule

用生姜和香料制作而成
自制生姜糖浆
爽快的口感和浓厚的口味可以兼得

青柠……1/4 个
伏特加……45 毫升
生姜糖浆 *……30 毫升
苏打水……适量
高丽参……适量

* 生姜糖浆（自制）
生姜、青柠、糖浆的比例为 1 : 2 : 3。准备适量的去籽红甜椒和去壳豆蔻。生姜去皮，按垂直于纤维的方向研磨，可减少辛辣味。所有材料混合好冷藏保存，但放的时间长了香味会变淡，建议不要一次性制作太多。

1. 将青柠汁挤到波士顿雪克杯中，再加入生姜糖浆、伏特加后摇和。青柠皮用吸水巾擦拭备用。
2. 将液体倒入冷却了的铜质马克杯中，再将步骤1中的液体倒入，最后加入苏打水后轻轻搅拌。
3. 放入一片青柠皮作为装饰，将高丽参磨成粉撒在表面。

point

○在自制的生姜糖浆中加入苏打水，即可制成香味浓郁的姜汁饮料。
○青柠皮榨出汁后，用吸水巾擦拭后会有薄荷的香味。
○因为制作过程中需要加入苏打水，所以步骤1摇和时不能加入太多的水。
○生姜中加入少许高丽参，可以中和辣味，同时香味中多了一点土味。高丽参中的营养成分较多，可以缓解疲劳，有感冒症状的人也可以饮用。

血腥玛丽
Bloody Mary

浓缩番茄汁的甜度和口感
雪克杯中的往复运动可以使材料充分融合
使果肉和液体融为一体

静冈 Amela 番茄（糖分很高，没有可用普通番茄代替）……1 个
西芹……1 根
红甜椒……1 片
伏特加……45 毫升
番茄汁 *……60 毫升
白葡萄酒醋……3 抖振
美国辣酱油（伍斯特沙司）……2 抖振
盐（海盐）……适量
黑胡椒粉……1 勺
培根（烤制）……1 块

* 番茄汁（自制）
纯番茄汁、橙汁、柠檬汁、青柠汁、龙舌兰糖浆、酱油、芥末、柚子胡椒、七味辣椒粉、盐、西芹叶，以上材料各取适量混合制成。

1 将蔬菜切至适当大小。将前 7 种原料放入搅拌机中打至泥状。为了保留果肉的颗粒口感，可以选用网口较粗的过滤器。
2 加入冰块后用雪克杯来回传递液体，让其充分融合（动作参照 72 页）。
3 将液体倒入有盐边的玻璃杯中，表面上撒一层黑胡椒粉，最后放上装饰用的培根即可。

point

○番茄汁、酒、水很容易分层，所以要用两个雪克杯的传递动作，将液体和果肉充分融合，即使静置一段时间也不会出现分层。
○培根要提前烤至干脆状态。装饰之前再用喷火枪烤一下，让培根的香味留在杯子上，这样在喝鸡尾酒的同时还可以体验到培根的油分、盐分及香味带来的特殊口感。
○番茄汁的材料不使用红辣椒或墨西哥辣椒，而选择酱油和芥末，口味很受欢迎。
○在制作盐边的时候，要按照右图所示的手法，先用青柠切面沾满盐粒，再用青柠摩擦杯子边缘制成盐边。和传统的杯子上沾青柠汁的方法相比，多了一点独特的韵味。

1 3

香蕉达其利

Banana Daiquiri

香蕉和朗姆酒的浓厚甜味
加上柠檬和咖啡豆的味道
融合成了带有热带风情的独特口感

香蕉……1 根
柠檬汁……5 毫升
黑朗姆酒……50 毫升
香蕉利口酒……10 毫升
糖浆……5 毫升
咖啡豆……4 颗

1 香蕉剥皮放入搅拌机中，再加入其他材料及碎冰后一起搅打。
2 倒入广口玻璃杯。

point

○加入的糖浆和利口酒的量不能太多，所以尽量使用熟透了的香蕉。
○黑朗姆酒和香蕉的绝妙搭配，再加上咖啡豆的味道，让黑朗姆酒的口感更加突出。将咖啡豆放在搅拌机中和材料一起搅碎，可以给鸡尾酒中增添咖啡豆颗粒的清脆口感和苦味，让咖啡的香味和味道成为主调。
○水分加入过多会让甜味减少，但是不温不热的温度也会影响口感。控制碎冰的量也非常重要，用最少量的冰发挥最大限度的冷却效果。制作碎冰的冰块要放在冷冻室中一天以上再使用。

青柠莫吉托
Lime Mojito

青柠中加入砂糖后碾碎
从果皮和果肉中提取甜味
用碎冰搅拌法冷却之后再加入黑朗姆酒

青柠……1/2 个
细砂糖……2 茶勺
绿薄荷……适量
加州小薄荷……适量
白朗姆酒……60 毫升
苏打水……60 毫升
黑朗姆酒……10 毫升
加州小薄荷的枝茎……1 根

1 青柠去掉尖端，切成厚2~3毫米的薄片。在玻璃杯中放入细砂糖和青柠片，轻轻混合后用搅拌棒稍加力度碾碎。
2 再加上绿薄荷、加州小薄荷、白朗姆酒和苏打水后，用搅拌棒轻轻敲打，使香草的香味散发出来。
3 加入碎冰后，使用碎冰棒搅拌冷却液体。
4 再加适量碎冰，插入吸管，浇上黑朗姆酒。轻轻捋带枝加州小薄荷的叶子，让其散发出香味，再将加州小薄荷的枝茎放入杯中作为装饰。

point

○第一步中，将青柠片和细砂糖充分混合，可以产生浓厚的口感，这是使用糖浆无法达到的效果。
○普通鸡尾酒中会用加水的方式让薄荷的香味散发出来，但是苏打水的气泡有同样的效果。
○在搅拌冷却时，将搅拌棒插入碎冰和材料的间隙中，再开始旋转搅拌棒，这样可以有效避免薄荷叶损坏。
○因为这种技法会使用大量碎冰，所以很容易导致味道变淡。但是，黑朗姆酒的加入，可以让口感更加浓郁，更容易让人获得满足感，在外观上还可以打造渐变的效果，十分漂亮。

莱昂纳多

Leonardo

使用热门水果草莓作为原料的鸡尾酒
设计的最大亮点是
草莓和香槟在玻璃杯中形成缓慢的对流

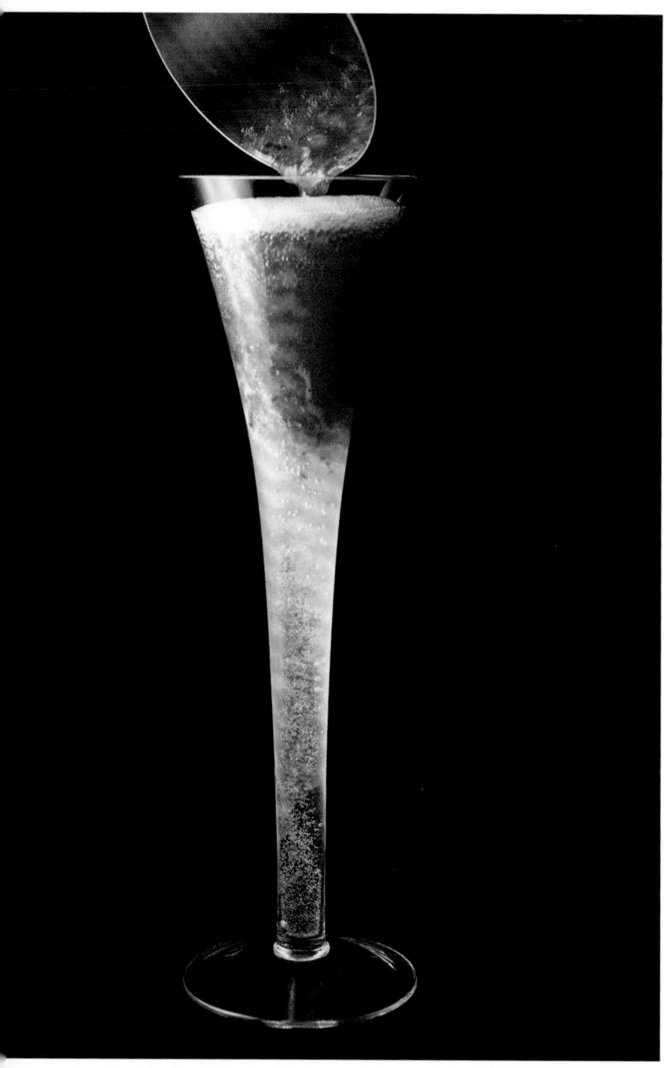

草莓……2 粒（大颗）
白兰地……5 毫升
香槟……90~100 毫升

1 草莓去蒂，切至适当大小放入搅拌机。之后再加入少量白兰地和碎冰，搅拌至稍带果肉颗粒感即可。

2 在玻璃杯中加入冷却后的香槟，再将步骤 1 的液体慢慢倒入杯中。

point

○用草莓代替糖浆或利口酒来增加甜度。将草莓放入保鲜盒中冷藏保存，注意放置的位置要避免直接接触冷风。草莓表面比较容易损伤，建议使用之前再清洗。

○使用碎冰的目的是冷却，所以量要小，否则口味会变淡。

○也可将香槟倒入玻璃杯，再和玻璃杯一块放入冰箱冷却。草莓混合液要在香槟的上层，因其浓度更大，重力原因会造成对流，在玻璃杯中形成一个自然的混合效果。另外，几乎所有用香槟的鸡尾酒，都会使用不搅拌的技法。

苹果鸡尾酒

Apple Cocktail

将蛋清作为材料的鸡尾酒
在多种香味的影响下
饮用过程中会先后出现不同的风味

苹果……1/4 个
柠檬汁……10 毫升
伏特加……30 毫升
波旁酒……10 毫升
格雷伯爵茶利口酒……10 毫升
接骨木花利口酒……10 毫升
糖浆……5 毫升
蛋清……1 个
薄荷叶、格雷伯爵茶叶、桂皮粉……各适量

1 苹果带皮一起切至适当大小后放入搅拌机，前8种材料加上少量碎冰也放入搅拌机，所有食材搅拌均匀。

2 在广口玻璃杯中放入冰块，用过滤器将步骤1中的液体倒入杯中，最后放上薄荷叶、格雷伯爵茶叶、桂皮粉装饰。

point

○因为苹果是连皮一块使用的，所以香味和口味更加有层次感，更加立体。
○使用蛋清可以有效减轻苹果的变色。另外，苹果的清香会进入蛋清中，酒精会使这种香气更加突出。
○格雷伯爵茶会突出苹果皮的涩味，增加回味。这种涩味可以有效减弱甜度较高的鸡尾酒的甜腻感。
○接骨木花有自然的甜味和酸味，并且味道容易融进水果，可以提高苹果中自然的酸甜味。

朗姆百香果古典酒

Rum Passionfruits Old-Fashioned

热带水果的轻快口感
加上黑朗姆酒的厚重
变成了多层次的现代感的味道

百香果……1 个
甜橙……1/8 个
青柠汁……5 毫升
黑朗姆酒……45 毫升
百香果利口酒……20 毫升
咖啡利口酒……5 毫升
安高天娜苦精酒……1 抖振
红糖 1……1 茶匙
薄荷叶……1 枝
青柠……1/6 个
红糖 2……适量
肉桂粉……适量

1 百香果一分为二，一半的果肉挖出放入玻璃杯。

2 剩下一半百香果果肉撒上红糖 1，用喷火枪将糖烤至焦糖色。

3 在一个玻璃杯中放入红糖 2、安高天娜苦精酒、咖啡利口酒、甜橙片，再用碎冰棒搅碎混合。

4 再加入黑朗姆酒、百香果利口酒、青柠汁后搅拌。最后加入一块体积较大的冰块再次搅拌。

5 青柠角、步骤 2 中的半个百香果、薄荷叶放在表面装饰，最后撒上肉桂粉。

point

○捣碎甜橙片时越碎越好，甜味从甜橙的果肉和果皮中析出，成为鸡尾酒的基调。

○在上述的所有步骤中，都要一一确认味道，确认苦度、甜度、果皮中油分的量是否达到平衡，依此调整各材料及酒精的用量。如果想强调酒精的味道，就加入苦精酒和甜味剂制成复古风，反之想要弱化酒精味就加入甜橙。若加入青柠、苏打水、碎冰，成品就变成了爽口的莫吉托风格。

无花果鸡尾酒

Fig Cocktail

拥有温和口感的无花果
制成温柔的风味
可以根据自己的喜好调整酒精度

无花果……1 个
柠檬汁……1 茶匙
伏特加……40 毫升
接骨木花利口酒……15 毫升
白葡萄酒……15 毫升
糖浆……1 茶匙
盐……适量

1 无花果用喷火枪将表面烧黑，在水中将皮剥去（参照 78 页）。

2 将去皮的无花果切至适当大小，放入波士顿雪克杯中。前 6 种材料用捣碎棒捣碎。

3 在雪克杯中放入一块冰块后将所有材料摇和，最后将液体倒入做了盐边的鸡尾酒杯中。

point

○将无花果表皮烧成黑色之后，很容易剥皮。
○只加入白葡萄酒可能口感不足，另外加入伏特加可以增加酒精浓度。
○如果想要再增强口感，可以加入少量杜松子酒、龙舌兰酒、梅斯卡尔酒、威士忌等，增强酒味。例如，45毫升伏特加可以搭配10~15毫升上述几种酒。
○咸味可以增强无花果中微弱的甜味，所以需要做盐边。

基蒂安

Tiziano

巨峰葡萄连皮捣碎
可以保留葡萄的颜色、口味、香味
只用葡萄制作的有格调的鸡尾酒

葡萄（巨峰）……5~6 颗
香槟……120 毫升

1 葡萄连皮放进波士顿雪克杯中，使用碎冰棒轻轻碾碎之后再挑除葡萄皮和籽。
2 加入一块较大的冰块后轻轻摇和。
3 取出冰块，慢慢倒入冷却了的香槟。
4 倒入三角鸡尾酒杯。

point

○先将葡萄弄破更容易去掉皮和籽。另外，要想同时获得葡萄漂亮的颜色、果皮的味道，以及葡萄果肉的甜味、涩味、香味等，连皮一块捣碎才能实现。
○另加入10毫升左右的白兰地，不仅可以让液体量更足，还可以提升口感。
○摇和的目的是冷却，但是温度过低会导致葡萄的甜味降低，只需轻轻摇和让材料温度降低至跟香槟一样即可。
○无论加入香槟，还是将液体转移到三角鸡尾酒杯中，动作都要轻、慢。特别是加入香槟后不要有搅拌动作，否则会使香槟发泡性消失，以至于需要另外再加入香槟，造成比例失衡。

金橘金汤力

Kumquat Gin & Tonic

金橘皮的微苦配合果肉的甜味恰到好处
金橘风味的杜松子酒
可以打造清新的口感

金橘……2 粒
杜松子酒（日本鹿儿岛县产）……45 毫升
汤力水……90 毫升

1 将金橘一分为二，取出果核后放入广口玻璃杯中，加入杜松子酒，用碎冰棒捣碎。
2 用冰镐将冰块敲碎放入杯中，将汤力水倒入，轻轻搅拌。上桌时可以配上汤匙。

point

○金橘一分为二，切去蒂和籽后放入广口玻璃杯，加入杜松子酒，用碎冰棒碾碎。
○金橘美味的精华在果皮，所以要充分捣碎，这样才能让金橘皮的香气、甜味融入杜松子酒中。
○如金橘打汁过滤，味道会变淡，使用搅拌器会变涩。所以这种做法证明了越是新鲜的食材越要用最简单的方法处理。
○为了方便食用金橘，可以搭配勺子，冰块要用碎冰。

柿子鸡尾酒

Persimmon Cocktail

使用和芋头烧酒有相同风味的荷兰金酒
加上熟柿子的柔软绵密
构成了圆滑且朴素的口感

柿子……1/2 个
伏特加……30 毫升
荷兰金酒……10 毫升
白葡萄酒（长相思干白葡萄酒）……10 毫升
接骨木花利口酒……10 毫升

1 柿子完全成熟后去皮去蒂放入搅拌机，依次加入其他材料和少量碎冰后搅拌。

2 在放入冰块的广口玻璃杯中，倒入步骤 1 中的液体，最后放上提前摘下的柿子蒂作为装饰。

point

○柿子和烈酒混合，柿子原本的味道会减弱，要保留柿子的本味，调整食材的添加顺序是关键。

○只加入伏特加的话会略显单调，加入少量荷兰金酒可以增加层次感。荷兰金酒的口味和芋头烧酒相似，和柿子搭配可以制成柿饼的风味。

○柿子跟芒果和橙子等颜色相近的水果一起使用比较搭，但橙子和柿子一起用，橙子的味道会盖过柿子。另外，糖浆和汤力水也会减弱柿子的味道。所以上述材料都不使用，方能还原柿子最自然的味道。

○温度过低会导致柿子甜味降低，所以加入碎冰的量稍微减弱酒精浓度到好入喉的程度即可。这样正好可以保证柿子温和的甜味。

火龙果鸡尾酒

Dragonfruits Cocktail

火龙果的清淡感
打造出整体中性风的口感
梅粉是点睛之笔

火龙果（白肉）……1/3 个
青柠汁……5 毫升
柠檬汁……5 毫升
柏坦歌龙舌兰……15 毫升
白朗姆酒……15 毫升
白葡萄酒和糖浆……10 毫升
（白葡萄酒 10 毫升 + 糖浆 1 茶匙的混合物）
椰糖浆……1 茶匙
柠檬草（新鲜）……1 枝（20 厘米长）
薄荷、梅粉、火龙果切片……各适量

1 火龙果完全成熟后剥皮切至适当大小，再放入搅拌器搅拌。之后再加入第2~7种材料和少量碎冰搅拌。

2 容器内放入冰块，再将步骤1中的液体倒入，拧拧柠檬草使其散发出香气，然后放入杯中。最后放上薄荷和火龙果装饰，再撒上梅粉即可完成。

point

○火龙果无论味道还是香味都不强烈，属于清淡的类型。所以配合使用的材料如龙舌兰、朗姆酒、青柠、柠檬、薄荷、柠檬草都是比较温和的类型，这样融合出来的鸡尾酒才会是中性风。

○白葡萄酒很容易与水果相融，所以最适合用来调和味道。例如，葡萄柚和橙子，加入汤力水后会变成汤力水的味道，加入苏打水味道会变得稀薄。如果想强调水果自然的酸味，就可以使用白葡萄酒或者接骨木花酒来调味。

○梅粉的酸甜对味道有很好的提升作用。另外，梅粉和椰子风味是绝配，可以让人酒欲大增。

探究标准鸡尾酒

[Bar Noble]
[Grand Noble]

店主　山田高史

了解食材

要想做好鸡尾酒，首先要熟悉食材本身，包括烈酒、利口酒等决定主调味道的基酒，也包括水果、香草、香料、砂糖、水和冰等。难点在于并不是材料好，做出来的鸡尾酒口感就好。例如，即使用高级杜松子酒，若加入了风味强的利口酒，也会失去高级感，若使用摇和的手法，就会失去味道的凝聚力。反之，廉价的杜松子酒，通过加上别的杜松子酒弥补口味，也可以制成口感上乘的鸡尾酒。水果的品种和季节不同，呈现的状态也不同，不同厂家生产的砂糖和盐纯度与颗粒大小也有所差异。要想灵活运用这些具有不同特征的材料，需要每天多接触材料，多积累经验。

食材的组合方式有无数种，可以随意组合，但是我们无论拿到什么材料都应该从熟悉材料入手。如今，使用自制的食材制作原创鸡尾酒是一大热潮，但是使用自制材料的关键在于：是否可以正确预判出作品的味道，再用自制的食材弥补作品中缺少的风味。用有限的材料做出质量高的鸡尾酒，我认为这才是判断一个优秀鸡尾酒师的标准。

了解食材的渠道源自日常生活。平时在吃到好吃食材时，多关注一下它是如何跟其他食材搭配的。因为这可能成为一款原创鸡尾酒的灵感。所以在平时吃东西时，就要多多关注食材。

如果将鸡尾酒比作房子

· 基酒 → 钢筋
· 甜味 → 水泥（基础、地板）
· 酸味 → 外饰（屋顶、墙壁）
· 香味 → 内饰（室内装潢）
· 装饰 → 门面（门、院子）

把鸡尾酒比作房子的话，基酒就是钢筋，甜味是水泥，酸味是外饰，香味是内饰，装饰是门面。鸡尾酒的定位包括酒质和立体感等，以及鸡尾酒的核心味道都是由基酒决定的，所以基酒的选择和加入比例尤为重要。

甜味会给鸡尾酒带来厚重感，恰到好处的酸味给鸡尾酒勾勒出美丽的轮廓。鸡尾酒的轮廓过于鲜明，就会变成酸味和苦味，反之轮廓过淡就会让味道没有核心，让人酒欲减退，所以这强弱之间的度很难把握。在鸡尾酒中，酸味就相当于菜肴中的盐，咸淡会对味道造成很大的影响。现在我们都是用青柠和柠檬来增加酸味。在原始鸡尾酒的配方中，酸味相当重，想要保证整个房子的稳定，就必须与时俱进升级配方。另外，现代鸡尾酒更加注重华丽的香味，鸡尾酒含在口中时，味道会扩散到整个鼻腔，这个感觉就很强烈。

装饰并不仅仅起到视觉上的点缀作用，对味道也有一定的影响，对于鸡尾酒来说也是非常重要的要素。最关键的是让这些要素之间保持平衡感和统一感。

探究标准鸡尾酒的意义

标准鸡尾酒是由很多调酒师经过长时间的磨炼创造出的经典，一直流传至今。标准鸡尾酒是一个基本的“模式”，对我来说，也是制作鸡尾酒的“路标”。关于标准技法的练习方法，摇和法我推荐用白色丽人这种容易掌控基酒、甜味及酸味之间平衡感的类型，调和法我推荐从马天尼开始练习。在酒吧里受顾客欢迎的大多都是标准鸡尾酒，所以标准鸡尾酒的制作方法一定要非常熟练。材料的选择和组合、技术的锻炼、反复考虑选择最合适技法的过程都对调酒师的成长有很大的帮助。现在，从追求理想的标准鸡尾酒味道开始吧。

开始研究标准鸡尾酒后，就会渐渐对“什么样的味道才是好喝的”有了一定的把握，就能在脑海中勾勒出想要的味道。这样，即使制作原创鸡尾酒也会得心应手。在鸡尾酒品鉴会中，无论什么作品都要从鸡尾酒的命名、颜色、香味、味道、装饰的平衡、完成度，以及作品理念等方面来评价。而这些评价基准也源于标准鸡尾酒，原因就在于标准鸡尾酒在诞生之初也是新的原创作品。

标准鸡尾酒步骤简单，所以不允许有任何疏漏，是我的终生课题。随着时代的变化，食材也在变化，口味也在多样化，新的技术也在不断开发，我很期待能创造出更多未知的味道。

技法的关键

· 正确
· 安全
· 合理
· 美观

鸡尾酒的制作从牢记配方和步骤，正确计量开始。仅仅是“水平手持测量杯”这一个动作就有很多需要学习的地方，只要训练出自然流畅的高效动作，就能以优美的姿势正确测量。这样的练习对其他动作的学习也有帮助，操作瓶子和玻璃杯的动作也会变得谨慎，声音也会变得安静。这样也更安全。

在思考如何用最小的力量最大限度地摇和与调和的同时，我找到了手握雪克杯最合适的着力点和支点，再利用液体和冰块的重量，来进行快速有效混合冷却的方法。当然，如果花足够长的时间来摇和，当然可以做到充分冷却和混合，但这会导致稀释过度，口味变淡。要在短时间内冷却和混合到理想的味道，没有一定的技术做不到，这就产生了六种类型的摇和。总之，出发点是研究如何合理使用工具。当然，体格有差异，处理方法、想法也各不相同。我的摇和与调和技术只是一个参考，好的调酒师都会建立自己的风格。

经常有客人问我：“为什么要用这么严谨的姿势来做鸡尾酒？”我的回答是“因为我做的是值得尊敬的作品”。抱着这样的心情，姿势自然会变好。经过反复训练掌握的自然而优雅的动作，是日本调酒师享誉世界的独特风格。我在调酒时的一贯信念就是，调酒本身就是一场演出。

山田高史

1976年出生于日本神奈川县横滨市。1998年，进入横滨“Bar Aquabitae”，担任店长。在东京银座等地学习后，2004年在横滨市内开设了“Bar Noble”。2010年在“全国调酒师技能大赛”和“亚洲鸡尾酒冠军赛”上双双夺冠。在2011年“IBA世界鸡尾酒锦标赛”上获得综合冠军，并获得东久宫文化嘉奖。2017年，在离本店步行5分钟的地方开设了“Grand Noble”。除经营酒吧外，他还担任读卖文化中心讲师、餐饮和顾问，以及日本调酒师协会国际局长。学习了极真空手、茶道（表千家）、英语会话等，立足于各行各业，兴趣广泛。

充分发挥新鲜水果优势

「BARORCHARO GINZA」店主 宫之原拓男

灵感来自于食材的鸡尾酒

开始使用新鲜水果之后，鸡尾酒世界有了变化。现在不仅仅有味道、香味、颜色等要素，纹理、温度、呈现等要素也开始体现在鸡尾酒中，但是这么多的要素就可以说发挥出食材的优势了吗?

例如，大家在喝西瓜鸡尾酒时可以感受到西瓜的味道吗?虽然可以在西瓜味主调的基础上加上其他味道，但不能掩盖主食材的味道。西瓜含水量多，味道自然甜味清爽。如果加入其他果汁就会变成其他水果的味道，所以选择不破坏主材料味道的组合非常重要。加入酒精后，味道会发生变化，但最重要的是选择合适的、能最大限度地衬托水果的口感和香味的材料。

不仅仅是材料，工具的使用方法也很重要。含水较多的西瓜如果使用榨汁机的话，会变成普通的甜度高的果汁，西瓜独特的风味会消失。另外，即使用波士顿摇和法，如果最后将液体过滤干净的话，西瓜特有的口感也会消失，只会感到甜味，水果和酒精之间的平衡就会破坏。因此，不管哪种情况，都要刻意保留一部分果肉颗粒，充分利用香味和质地的“特色”，必要时再配上勺子。

水果的冷却方法也很重要，太冷的话很难感受到甜味，所以在奶昔和搅拌机中使用冰的时候也要尽量控制冰的温度，寻找合适的温度。无论哪种材料，都要根据其特征，找到最能充分发挥其风味的方法，这样才能接近食材自身的味道。

水彩画和油画

用新鲜水果制作的鸡尾酒就像用浓淡强弱的色彩来创作的水彩画。例如，制作梨鸡尾酒时，使用柠檬和葡萄柚作为辅料很搭。不过，即使把梨作为主料，如果各材料分量调兑不佳也有可能导致主调变成柠檬和葡萄柚。脑海中想象着梨的味道及香味，对于像梨这种味道单纯的材料，需考虑其在哪个阶段、如何加入才可以给鸡尾酒增添浓淡的层次。相反，如果想用本身味道比较明显的材料作为主要的味道，就可以稍微减少主料的用量，选用几种辅料进行调和。根据食材的特性来区分强弱，是活用食材的诀窍。

另一方面，油画的思路是将颜色叠加，使之有不同的韵味。基酒发挥出应有的效果，再加上各种味道层层递进，会变成全新的味道。

当一杯鸡尾酒制作完成并提供给顾客时，就像把一幅画装进画框一样，并不是画完就结束了，收尾工作对我来说非常重要，甚至有时从成品倒推来创作鸡尾酒。我有时也会加快调制鸡尾酒的速度，而在装饰和展示上花费更多的时间。这个时候，有客人会兴奋地问："您要做的是什么呢？"将成品提供给顾客时，顾客会"哇！"，做出很惊喜的表情。如果非常忙，可以换杯垫来创造新颖的效果。稍微下点功夫，就能让客人高兴。我觉得只考虑"画"的内容是不够的，选一个能衬托"画"的"画框"，也是调酒师的工作。

拥抱变化，不断进步

在我的店里，即使是同样的鸡尾酒，每年也要更新做法。贝利尼的工序，桃子从用手捣碎——用菜刀切碎捣碎，保留口感——用搅拌机之类，从最初的工序就开始改变，冰也是从不用到加一块冰后摇和等。我经常要求自己大胆地改变基酒和技法。如果创作出了新产品，那或许会成为新招牌，成为王牌。只要你手头有很多张牌，就可以灵活应对不同客人的需求。使用液氮的贝利尼更具有动态感，避免桃子氧化和不需要降温等。但是，我们必须时刻考虑，这是最好的吗？是客人想要的效果吗？

客人有时也会跟我们讨论一些新颖的组合方式，我们也会通过跟客人交流，得到很多鸡尾酒的灵感。所以，不要因为自己不知道就否定这些观点，而是要让自己时刻怀有好奇心，以轻松的心态接纳这些观点。前几天听客人提到培根、咖喱酱和烤香蕉比萨都是瑞典的传统料理，我试着将它们做成了鸡尾酒，效果出乎意料的好。培养自己的发散性思维，遇到新的美食和惊喜的点子，就应该去尝试。但是，并不是只要是新事物就是好的，还需要看清本质，判断是否适合用来制作鸡尾酒。我认为自身不断拥抱变化才是进步的关键。

读懂客人的舌头

我的店没有菜单，取而代之的是展示新鲜材料，告诉大家“这就是我们的菜单”。由此与客人交流，询问客人喜欢的水果、口味的倾向、酒精的接受度等，从而探寻客人的喜好（等于读舌头）。要做到仔细研究每份订单，为每个客人量身定做是非常困难的，但每天坚持的话，也就成了自然而然的事。

例如，如果客人在用餐前点了一杯夏日韵味的鸡尾酒，你会怎么做？我想没有人会选择量大的提奇鸡尾酒。这种情况，在量和装饰方面下功夫就可以了。制作鸡尾酒时，我们必须向客人解释概念、配方、材料之间的搭配，甚至如何饮用。重要的是，不仅仅是美味，还要感受到客人的需求，推出符合TPO（时间、地点、场合）的鸡尾酒。只有这样，我们才能根据客人需求将独特的材料组合在一起，使客人享受新的味道。

给客人端出第一杯鸡尾酒，等其品尝后可以问问客人味道如何，一边询问酒精的强度和甜度是否符合喜好，一边调整第二杯酒。这个时候的对话非常重要，可以更深入地探索客人的喜好。第二杯成功的话，第三杯客人就会继续交给你做。这是客人信任的证明，他们把口味交给了一个知道自己喜好的调酒师。

我们要牢记“对味道的感受是有个体差异的”。去国外酒吧的时候，发生了这样的事情：我喜欢杜松子酒，所以点了一杯酒精感强、不太甜的杜松子酒基鸡尾酒，结果却甜得惊人！每个人的味觉和当时的状况决定了对甜味的感受不一样。所以，沟通和理解是很重要的。

宫之原拓男

1975年出生于日本鹿儿岛县。1996年大学毕业后，进入大仓（Okura）饭店做品酒师。之后又在法式料理、中餐、铁板烧、和食餐厅工作8年，才如愿以偿地去了酒吧工作。2007年，和同是调酒师的寿美礼夫人一起在东京银座独立开创“BAR ORCHARD GINZA”。以时令水果为主题，持续创作创意鸡尾酒。以墨西哥酒吧秀为起点，在全球范围内召开大师学习课，为全世界的鸡尾酒爱好者讲授日本酒吧发展的历史，以及对经典鸡尾酒的历史背景进行解读。

在调味过程中应该重视的问题

技法

基本的 4 种技法的使用率是 100%，其中最常使用的是摇和法（山田）

在营业过程中，4种技法满足了顾客所有的需求，其中最常见的是摇和法，有时一晚上就能做几百杯摇和法的鸡尾酒。因此，我们设计了不仅只用臂力，还需要调动全身力量的一种高效、动作紧凑的摇和方法。无论什么时候，都以完美地完成作品为目标。

扎实掌握基本技法，并且以此作为鸡尾酒店经营的核心，最终目标是获得顾客的认可。在磨炼各种技术的同时，优雅的动作、高效的动线也很重要。我个人认为，在数字化日益发展的现代，使用模拟工具制作出只有专业人士才能调出的美味的鸡尾酒，调酒师的价值将进一步提高。

不断思考对于食材来说最适合的手法是什么（宫之原）

“最重要的是食材”，技法只是手段之一。虽然我们经常使用搅拌器和波士顿雪克杯，但即使工具在一定程度上决定酒的基调，也会根据材料的状态和客人的要求灵活地调整口味。重要的是，如何从原料中提取出各自的优点，提高鸡尾酒的完成度，让客人满意。从理想状态的作品的颜色、香味、味道、入喉的回味等方面进行综合判断，每个步骤都选择最合适的手法。

在使用番茄和葡萄柚的鸡尾酒中，鸡尾酒在两个杯子中倒来倒去，一边旋转一边混合，使材料和空气充分混合，即使果肉较多，固体和液体也能很好地融合在一起，并且放置一段时间也不会分离，这是其他技法无法达到的效果。

现在是一个每天都有新技术和新工具开发出来，并在瞬间传播到世界各地的时代。希望大家不要执着于最新信息，首先要判断它是否适合自己想要做的鸡尾酒。上文中提到的两个雪克杯之间倒来倒去混合的手法，其实在20世纪30年代的鸡尾酒教程中就有记载，是很久以前就有的技法。我认为，从有效利用食材的观点出发，重新把握经典的手法，或许也能开拓新的可能性。

配方的制作

从基本配方开始，加入自己的创新元素（宫之原）

使用新鲜食材的鸡尾酒有几种基本方法，简单易懂的是“颜色”“产地”“风味”等都要齐全。颜色相近的食材之间不可思议地发挥出相得益彰的效果，例如，西洋梨、日本梨与葡萄柚或柠檬，柿子与橙子，番茄与红甜椒等相互映衬。但要注意分清主次，调整口味强弱，否则柿子鸡尾酒就会变成橙子风味。

产地和风味方面，热带水果与朗姆酒，龙舌兰酒和咖啡豆等产地相近的食材之间口味协调。如日本鹿儿岛县（属于九州）盛产金橘，那么九州出产的杜松子酒中就含有金橘的成分。又如，柿子鸡尾酒中也很好地融入了为去掉柿子涩味所用的烧酒风味的酒。

另外，有些食材的味道和香味都很细腻，和烈酒一搭配就会失去个性。这时可以用白葡萄酒（推荐长相思）和接骨木花利口酒等来维持酸味和甜味，自然地引出作为食材自身的味道。

上文提到的例子只是冰山一角，其中一些食材口味完全相反的组合也可能创造出令人惊艳的鸡尾酒。希望大家反复尝试，探索食材使用的新方法。

基本配方不变，在调性上创新（山田）

如何让现有的配方变得更加美味，我每天思考，得出了一个最终结论：把一部分材料换成别的品牌。例如，在55毫升杜松子酒中，50毫升用冷冻的伦敦金酒，剩下的5毫升用常温的老杜松子酒。由此，产生了一种单纯用杜松子酒无法表达的丰富的风味、深度和立体感。不过，基本配方的构成比例不变，没有明显离奇的味道，给人一种只有极少数常客才会注意到的、属于鸡尾酒自己的调性。

同样，一些利口酒熬制之后再混合使用，具体做法是将一半利口酒熬制浓缩，再与原利口酒混合。这样会突显浓缩感和甜味。这样做是为了再现以前利口酒的味道，通过反复试验找到的方法。现在很多品牌都以精致、清淡的口味为主流，但作为鸡尾酒的材料，还是个性鲜明、凝聚感十足的更好用。

为了使味道的轮廓更加突出，口味更加复杂，实现自己想象中的味道，我觉得今后这样的“材料创新”会增加。

制作过程中的要点

什么是适量兑和

根据基酒的性质判断兑和的量（山田）

因为基酒的性质（是否容易与配料混合等）不同，以及杯子不同等，兑和量不能一概而论。一般来说，无论是兑水还是兑苏打水，基酒与配料的基本比例为1∶2.5，配料的比例在2~3.5之间进行调整。

兑水和兑苏打水的威士忌，温度不同，量也不同，温度必须在5℃以下，且不能过分搅拌，口味才不会变淡。另外，难以制作的是黑加仑苏打等黏性利口酒和苏打水的组合。用一部分苏打水与利口酒混合后，再加入余下的苏打水，利口酒则不易下沉。总之，弄清食材的性质是关键。

要想象果汁、水、碳酸各自在作品中的呈现方式（宫之原）

正如字面的意思，“适量”就要一边想象完成后的味道，一边根据不同的材料来把握不同的要点。

果汁：一般在酒精之后加入。因为比酒精重，不易混合，所以要使用搅拌法将其充分混合。

水：一般在酒精之后加。使用冰水混合物，味道就不会变淡。

碳酸：一般在酒精之后加入。为了不让碳酸气体逸出，材料和玻璃杯都需要提前冷却，不要让碳酸接触冰。尽量减少搅拌次数。

关于温度

温度过低会使食材的风味不能充分散发，冷却方式很重要（宫之原）

要想充分利用新鲜食材的固有味道，温度不宜过低。水果的自然香气、甜味和柔软的口感在冰冷的状态下很难感受到。

有的水果凉了更好吃，有的凉了就没味道了。另外，正如“常温催熟，完全熟后冷藏保存”的说法一样，根据食材的状态，适宜的温度也会发生变化。特别是对温度敏感的桃子等，营业时不要放在冰箱里，而是浸泡在冰水里，适当冷却后桃子容易散发出特有的甜味和香味。另外，我店里的苏打水和香槟酒都用冰水冷却（浸泡），所以冰箱门的开关引起的温度变化也很小，和基本相同温度下冷却的水果也很相配。

此外，还有与少量碎冰一起放入搅拌机中搅打，或只加一块冰块（防止加水）摇和，以及像碎冰鸡尾酒那样迅速转动进行冷却等方法。我们要把握鸡尾酒清凉口感的平衡，寻找每种食材、每种鸡尾酒最合适的温度。

制作鸡尾酒时，短饮要用冰柜冰镇的玻璃杯，使用冰块和碎冰的，要注意尽量避免冰融化，也不要太冷。

温度是鸡尾酒的重要因素之一，每款鸡尾酒都有适合的温度（山田）

鸡尾酒成品的温度非常重要，鸡尾酒的美味程度和温度息息相关。有时0℃以下才能发挥出美味。相反，有时过冷会削弱甜味和醇厚，也有的不需要关注温度。问题是“如何”降温？只需要一个冷冻的玻璃杯吗？加长摇和或者搅拌的时间？另外材料本身需要冷藏或冷冻吗？要考虑稀释情况等要素进行合理的选择。

尽管前人已探索出每种鸡尾酒的适当温度，但要注意，当时的气温和天气的不同，“最好喝时的温度”也会发生变化。另外，团体的顾客下大量订单的时候，会先做冰冻鸡尾酒再做新鲜水果鸡尾酒，然后再制作用苏打水兑和的鸡尾酒，短饮鸡尾酒放在最后，这样可以让所有人在干杯的时候都是最适合的温度。

酒精度数
以及无酒精饮料的制作方法

制作无酒精饮料以甜度为核心（山田）

虽然每款鸡尾酒都会对酒精度数有规定，但是在可能的范围内可以根据客人的要求做调整。

在不含酒精的情况下，制作普通的纯鸡尾酒的步骤几乎相同。首先确定甜味材料，再搭配其他材料，味道就更容易确定了。香味糖浆、果汁、香草、香料等按顺序混合即成。当然，我的原创鸡尾酒大部分也是以甜味利口酒为主轴创作。甜味利口酒可以分为水果类、浆果类、药草类、奶油类（含巧克力）、坚果类5种类型，在这些利口酒的类别中进行变化组合，就能确定颜色，即使成分复杂，也容易判断味道。

定制鸡尾酒更容易满足客人的需求（宫之原）

基本上，由于原创鸡尾酒都是定制的，酒精度的强弱也更符合客人的口味。制作出第一杯后，确认味道是否和客人需求接近，再加上喝的速度和喝的气氛，调酒师可以以此调整下一杯鸡尾酒。

当客人说想喝烈一点的酒时，不要简单地通过增加酒精度数和量来调节，而是把基酒换成别有风味的类型，这样就能做出有喝头的鸡尾酒。

无酒精鸡尾酒虽然味道简单，但必须有鸡尾酒的味道，不能做成果汁的味道，而是充分把握五味的构成和平衡，用心做出有深度的味道。

工具及材料的讲究

基酒的种类

基酒的种类会根据季节的变化而变化，且不能有浸渍酒等再制酒（宫之原）

根据季节的不同，基酒也在变化。基酒大致有这么几种类型：伏特加8种、杜松子酒8种、威士忌7种、朗姆酒3种、龙舌兰酒8种。这些都不是个性鲜明的酒。对于烈酒，要考虑如何发挥其风味。

刚开始制作时使用的量较少，味道基本定型了再根据味道添加（山田）

基酒出新产品时我一定会试饮。基本上每类酒各准备一种，用这一种能做出想象中的鸡尾酒，就会增加品种。现在我的店里每种种类各有5~6种商品，根据需要也会添加新的品牌。虽然酒类多是店铺的个性，但使用率低、周转不畅则会血本无归。

酒吧工具

雪克杯选择稳定性好的 YUKIWA 品牌。混合玻璃杯用切子品牌（山田）

雪克杯最容易上手，我最喜欢用的是质量稳定的老品牌YUKIWA。切子的混合玻璃杯内部经过抛光，冰块的滑动性很好。因为口径大小合适、分量适中、外形美观，所以才选择了切子。搅拌器使用的是 BRAUN品牌的手持式搅拌器。

除了专业工具，可直立放夹子和小工具的收纳盒也要准备。为了方便清洁，用塑料沥水盆和不锈钢盆叠在一起作为冰桶使用。

雪克杯同样也可以使用 BIRDY 品牌的。探索工具合适的使用方法（宫之原）

雪克杯、吧匙、大玻璃杯使用 BIRDY 品牌的，混合玻璃杯使用烧杯（实验室用的烧杯），搅拌器使用汉美驰品牌的。BIRDY 的内壁是经过高精度研磨制成，因其划时代的构造而备受瞩目。当然，工具很重要，但如何驾驭最终还是要看使用者。工具好不一定会有好味道，要不断通过探索寻找适合的摇和方法。

除酒吧工具外，还有各种保存容器，如在营业中存放香草的塑料盒等。利口酒的分装小瓶、放糖浆的酱汁瓶等都很好用。

冰

根据鸡尾酒的材料和玻璃杯，冰在使用之前才切割（宫之原）

切好的冰块，在冰箱放一晚上再使用。因为所有的冰都是自己亲手切割的，所以在制冰店购买冰块时并没有指定具体尺寸。根据季节的不同，使用的玻璃杯也会发生变化，而且材料的种类和状态每天也不同，因此在使用之前进行切割是最有效率的。

另外，我自己几乎不会向商家提出“我想要这种冰”的详细要求。专业的鸡尾酒店各方面都要尽量亲力亲为，在这个前提下，无论冰块还是其他材料，对方都会提供优质产品，在各个方面也能通融。建立起彼此的信赖关系很重要。

为了减少制作压力，会购买一部分半成品（山田）

冰必须没有气孔。在此基础上，还要考虑价格、供货方式等因素。我的店订购的第一批冰是16等分的冰块和边长为4厘米的冰块，以及钻石冰（棱长为2~3厘米）3种类型。以前，所有的冰都是在自己店内切好的，但后来我们认为外包可以减轻员工的工作量。

购买来的冰，用16等分冰块做成钻石形和圆形冰。一部分冰粉碎制成碎冰，剩下的为了调整至统一大小，轻轻用水清洗。分别放在带拉链的袋子里，在冷冻室里放一夜后使用。

冰可冷却材料和玻璃杯，同时也是混合的工具，方冰直接放在杯中，客人能看见。平时处理冰块训练时就要带着紧张感，练习快速且细致的手法。

玻璃杯

从客人的视角出发，选择符合店里氛围的玻璃杯（山田）

选择玻璃杯的标准，应符合店里的氛围，还应符合自己想做的鸡尾酒的形象。把鸡尾酒看作一个作品，玻璃杯负责展现。我的店并不重视华美的装饰和托盘，返璞归真会让玻璃杯本身的存在感更加突出。另外，女客人大多喜欢精致轻巧的玻璃杯，所以给她们用讲究的古董鸡尾酒杯，男客人则选择具有厚重感的类型等，要根据客人的观点来选择玻璃杯。

从作品角度出发，选择可以提高鸡尾酒高级感的玻璃杯（宫之原）

鸡尾酒杯种类广泛，其中有亮点和设计性的东西很多。标准鸡尾酒玻璃杯一般使用古董或银色复古玻璃杯等。原创鸡尾酒也会使用独特形状的Tiki杯等。

选杯子就像把画好的画装进画框。选择最适合鸡尾酒的玻璃杯也非常重要。

62 种鸡尾酒配方

山田高史

凡例

- 果汁均指使用新鲜水果鲜榨的果汁，需要冷藏保存。
- 两种技法混合使用时，提前将材料混合的手法叫作⓮，用搅拌器进行搅拌，起泡的手法叫作⓱。鸡尾酒制作完成后加入碳酸的叫作⓬，同理，加入碎冰的叫作⓯。

以下是技法的分类及其代表作：

摇和法
❶ 两段式（白色丽人）
❷ 两段旋转式（里昂）
❸ 一段式（咸狗）
❹ 一段旋转式（边车）
❺ 一段式（亚历山大）
❻ 波士顿式（新加坡司令）

搅和法
❼ 竹之味
❽ 曼哈顿
❾ 北极捷径
❿ 吉普森
⓫ 萨泽拉克

兑和法
⓬ 碳酸系（金汤力）
⓭ 兑水系（螺丝钻）
⓮ 预混式（法国情怀）
⓯ 分层系（悬浮威士忌）

调和法
⓰ 加冰（冻唇蜜）
⓱ 去冰（血腥玛丽）

1. 马天尼 Martini

类型❼⓮/51 页

杜松子酒（伦敦金酒 / 冷冻）	50 毫升
杜松子酒（海曼老汤姆 / 常温）	5 毫升
苦艾酒 *	5 毫升
橄榄（西西里产）	1 个
柠檬皮	1 片

* 苦艾酒（自制）
诺瓦丽普拉与白博比诺以 10：1 调兑。

前 3 种材料倒入混合玻璃杯中，轻轻转动玻璃杯以提高温度。加入冰块后旋转，倒入鸡尾酒杯。鸡尾酒签上插上橄榄，最后挤压柠檬皮中的精油到杯中。

point

○马天尼最高境界是，第一口下去，冰冷和柔软融为一体。经过反复试验，我们发现不是通过摇晃来降低产品温度，而是通过新的方法来达到理想效果。常温混合玻璃杯中放入冷冻的杜松子酒（-15℃）和其他材料，轻轻转动使玻璃杯冷却，同时将液体的温度升高到3℃左右，之后再放入冰块，按照正常手法搅拌。

○如果只是冷冻的杜松子酒，味道会变硬，搭配常温的老汤姆杜松子酒，补充甜味和香气，同时苦艾酒也会增添些许甜味。

○搅拌时要注意手法轻柔细致。不要过度搅拌，否则会稀释过度，味道变淡。虽然配方看起来略显辛辣，但实际上味道甜美柔和。

2. 曼哈顿 Manhattan

类型❽/63页

威士忌（加拿大俱乐部12年/冷藏）	45毫升
苦艾酒（卡尔帕诺安提卡配方）	15毫升
酒渍樱桃	1个
柠檬片	1片

将冰放入混合玻璃杯中除霜，轻轻搅拌。加入前3种材料后再次搅拌，倒入鸡尾酒杯。用酒签将酒渍樱桃装饰在鸡尾酒杯上，最后轻轻挤压柠檬皮中的精油到杯中。

point

○曼哈顿的魅力在于一体感和深邃的味道。加拿大俱乐部威士忌具有现代的甜美柔和的味道，加入卡尔帕诺，增加了成熟感和层次感。酒渍樱桃具有自然的果味，我很喜欢用。

3. 吉姆雷特 Gimlet

类型❶

杜松子酒（伦敦金酒/冷冻）	45毫升
杜松子酒（甲科菲杜松子酒/常温）	5毫升左右
青柠汁	10毫升左右
和三盆糖	1.5勺

所有材料摇和之后倒入鸡尾酒杯。

point

○吉姆雷特的妙处是能恰到好处地感受到杜松子酒的味道。为了拥有多层次的香味，加入了少量具有果香的甲科菲杜松子酒。甲科菲杜松子酒的果香和青柠、杜松子酒之间形成了很好的融合。

○吉姆雷特本身是甜味鸡尾酒。所以这种制作方法既能感受到青柠的酸味，回味又带甜。使用和三盆糖，甜味中没有杂质，回味无穷。

○因为甜味和酸味之间的平衡很难掌握，所以摇和之前需要先尝尝味道。酸味过重就加入和三盆糖，如果过甜的话就加入青柠来调整。最终的目标是调制出酸甜适口、冰爽清凉的吉姆雷特。

4. 边车 Sidecar

类型❹/61页

白兰地（法拉宾VSOP/冷藏）	35毫升
君度	15毫升
柑曼怡	5毫升
柠檬汁	10毫升左右

所有材料摇和后，用过滤器倒入鸡尾酒杯。

point

○边车中对柠檬的用量要求非常准确。柠檬放少了味道没有特点很容易腻，多了就没有白兰地的醇香余韵了，所以要注意柠檬汁的量，使酸味平衡。

○摇和法中带有的旋转，可以使液体充分和空气融合，让整体都散发出白兰地的香味。

○一般含有空气的棕色烈酒中不推荐有冰块漂浮，所以要使用过滤器只将液体倒入玻璃杯中。另外，如果只使用君度则会略显单调，所以再加入柑曼怡赋予鸡尾酒层次感和深度。

5. 白色丽人 White Lady

类型❶/64页

杜松子酒	35ml
君度	15ml
甜橙汁	10ml

所有材料摇和后倒入鸡尾酒玻璃杯。

point

○将甜味、酸味和基酒用最简单的方式混合是短饮鸡尾酒的基本形式。这种鸡尾酒可以说是我的鸡尾酒生涯的原点，每次练习基本功时一定会做这种鸡尾酒。用一个词来形容摇和的程度那就是“适中”。但是要做到恰到好处，却出乎意料地困难，所以对这种适中程度的把握是摇和法的基础。

○白色丽人最理想的味道是，不仅可以突出基酒杜松子酒的口感，又有材料之间完美融合的一体感。虽然也很想大量使用君度，但是用量过多口感就会变淡，掌握用量十分重要。

○标准配方中，杜松子酒、君度、柠檬汁的比例为2:1:1。现在一般会使用新鲜柠檬汁，如果使用传统的比例，酸味就会变得过强。我们需要调整配方来达到基酒的味道、酸味、甜味三位一体的目的。

6. XYZ　X.Y.Z

类型 ❶

朗姆	35 毫升
君度	15 毫升左右
柠檬汁	10 毫升

将所有材料摇和后放入鸡尾酒杯。

point

○朗姆酒适合跟甜味搭配，为了发挥朗姆酒自身风味的优势，口感可以调至稍甜。想达到类似蜂蜜柠檬的美味，摇和时就要注意君度跟其他材料的混合。

7. 巴拉莱卡（三弦琴）　Balalaika

类型 ❶

伏特加（索比斯基 / 冷冻）	35 毫升
君度	15 毫升
柠檬汁	10 毫升

将所有材料摇和后倒入鸡尾酒杯。

point

○伏特加相比杜松子酒来说甜味更重，所以制作时可以用白色丽人作为参照，在白色丽人的基础上加上部分酸味。从配方上来讲两者只有微小的差异。充分利用伏特加清澈味道的同时也要避免水分过多使口味变淡。

8. 玛格丽特　Margarita

类型 ❶/63 页

龙舌兰（豪帅银快活 / 冷冻）	35 毫升
君度	15 毫升
青柠汁	10 毫升
冲绳海盐	盐边

将材料摇和，倒入做了盐边的玻璃杯中。

point

○龙舌兰酒有甜味，也有胡椒和青椒的香味。玛格丽特最理想的状态就是既能突出个性又可以跟其他材料很好地融合。使用清爽、新鲜且有厚度的豪帅银快活龙舌兰，会和巴拉莱卡一样带有酸味。海盐能更好地提取出甜味，但注意不要加太多。

9. 沉默第三者　Silent Third

类型 ❶

威士忌（芝华士 12 年）	35 毫升
君度	15 毫升左右
柠檬汁	10 毫升

将材料摇和后倒入鸡尾酒杯。

point

○芝华士 12 年的特征就是带有蜂蜜、香草、苹果的风味，可以充分利用基酒的成熟感和甜味。君度的用量多一点可以减少酸味，摇和时需要注意液体和空气充分融合。

10. 代基里　Daiquiri

类型 ❶

朗姆酒（百加得白 / 冷冻）	45 毫升
黑朗姆酒（百加得 8 年）	1 茶匙
青柠汁	15 毫升
和三盆糖	2 茶匙

将所有材料摇和后倒入鸡尾酒杯。

point

○使用甜度柔和的和三盆糖可以很好地突出朗姆酒本身的甜味，再使用少量的黑朗姆酒补充浓度。

○为了充分发挥朗姆酒的甜味，我们尝试使用适量的青柠。甜味和酸味的平衡非常重要，但是粉末状的和三盆糖很难精确称重，而且即使都是按配方的标准分量，青柠的状态不同，最终的效果也会不同。所以酸味过重时加入和三盆糖，甜味过重时加入青柠进行灵活调整。

11. 内达华 Nevada

类型 ❶

朗姆酒	35 毫升
西柚汁	20 毫升
青柠汁	5 毫升
安高天娜苦精酒	2 滴
和三盆糖	1 茶匙

将所有材料摇和后倒入鸡尾酒杯。

point

○朗姆酒和西柚汁的完美搭配是这款酒的核心，可以充分体现出各自的甜味。苦精酒正好可以中和掉西柚汁过多的甜味。

12. 玛丽毕克馥 Mary Pickford

类型 ❹

白朗姆酒（百加得白朗姆 / 冷冻）	30 毫升
菠萝汁	30 毫升
石榴糖浆	1 茶匙
樱桃利口酒	1 毫升

将所有材料摇和后过滤两次再倒入鸡尾酒杯。

point

○让人似乎品尝到菠萝松软质地的甜口鸡尾酒。在菠萝成熟程度最合适的时候打汁，通过摇和充分进入空气，用双层过滤器将液体倒入玻璃杯中。樱桃利口酒的味道很有个性，注意不要放太多，加入少许使味道更深即可。

13. 后甲板鸡尾酒 Quarter Deck

类型 ❶

朗姆酒（百加得白 / 冷冻）	35 毫升
雪利酒	15 毫升
青柠汁	10 毫升
和三盆糖	1 茶匙

将所有材料摇和之后倒入鸡尾酒杯中。

point

○朗姆酒和雪利酒混合香气更为浓郁。标准配方里不放砂糖，但因为基酒口味偏酸，所以加入了和三盆糖。和三盆糖不仅能激发朗姆酒的甜味，还能掩盖雪利酒的陈化香。

14. 往日情怀 Old-Fashioned

类型 ⓮/55 页

威士忌	50 毫升
苦精利口酒	5 毫升
苹果糖浆 *	5 毫升
安高天娜苦精酒	5 抖振
橘子皮	1 片
糖渍樱桃	2 个

* 苹果糖浆（自制）

果汁含量 100% 的苹果汁加上砂糖加热后，放入肉桂棒煮至浓缩一半的量。

将前 4 种材料倒入加冰的复古鸡尾酒杯中进行搅拌。鸡尾酒签插上糖渍樱桃后装饰在鸡尾酒杯上，挤压橘子皮中的精油到鸡尾酒杯中。

point

○这款鸡尾酒配方的灵魂就是苦精利口酒。这种利口酒让鸡尾酒更加有层次，口感也更为惊艳，可以完美地融合威士忌和糖浆的味道。

○不使用方糖，而选用自制的苹果糖浆，和威士忌的味道更加搭配，香味跟鸡尾酒更协调。

○近几年怀旧风鸡尾酒再次风靡，华丽协调、百喝不厌的立体口感是其特征。与欧美相比，日本调酒师似乎没有很好地驾驭苦精酒。特别是此款酒，苦精酒的使用方法是重点。

15. 尼克罗尼 Negroni

类型 ⑭

杜松子酒（伦敦金酒 / 冷冻）	5 毫升
苦艾酒	15 毫升
金巴利	10 毫升
苦精利口酒	5 毫升
香橙苦精酒 *	2 抖振
橙子皮	1 片

* 香橙苦精酒（自制）
安高天娜香橙苦精酒与香橙苦精酒以 1:1 的比例混合

将前 5 种材料放入高脚鸡尾酒杯中充分混合，倒入装有冰块的复古风鸡尾酒杯中，轻轻搅拌，挤压香橙皮中的精油到杯中。

point

○此款酒的美味在于，它充分利用了杜松子酒清爽的味道，又甜又苦，余韵绵长，金巴利和苦精利口酒这两种酒的组合是重点，特别是具有成熟感的苦精利口酒对层次丰富的金巴利来说是一个很好的过渡。

16. 纽约 New York

类型 ❶

施格兰七皇冠威士忌（冷藏）	45 毫升左右
青柠汁	15 毫升
石榴糖浆	1 茶匙
和三盆糖	1.5 茶匙
橘子皮	1 片

将前 4 种材料摇和之后倒入鸡尾酒杯中，再挤入橘皮中的精油。

point

○冷藏威士忌的原因是希望尽可能减少稀释。当材料冷却时，即使是同样的摇和手法也可以减少冰融化的量。

○纽约口味偏甜，所以需要抑制酸味，这样更能衬托威士忌的甜味和香气。

17. 丘吉尔 Churchill

类型 ❶

威士忌	35 毫升
君度	10 毫升左右
苦艾酒	5 毫升左右
青柠汁	10 毫升左右

将所有材料摇和后倒入鸡尾酒杯中。

point

○加入苦艾酒可以抑制威士忌的甜味，使味道更有层次感。

18. 亚历山大 Alexander

类型 ⑭❺/62 页

白兰地（VSOP/ 冷藏）	20 毫升
可可利口酒	20 毫升
鲜奶油（47% 打至九分发）	32 克

将打至九分发的鲜奶油和材料混合，慢速摇和后，倒入冷却的玻璃杯，根据喜好撒少量肉豆蔻（配方外）。

point

○制好的鸡尾酒有蓬松感效果最佳。喝完的时候泡沫会残留，可以使用汤勺。鲜奶油和可可利口酒的甜香味，再加上白兰地的醇香，让很多人爱上这款鸡尾酒。在松软口感的衬托下，白兰地略显逊色。将打至九分发的奶油与材料混合后，稍微摇和使之冷却。

19. 杰克玫瑰 Jack Rose

类型 ❹/53 页

布拉德白兰地（冷藏）	40 毫升左右
红石榴糖浆 *	15 毫升左右
青柠汁	5 毫升

* 红石榴糖浆（自制）
用纱布包裹新鲜石榴榨成石榴汁，与加勒比糖浆以

3：2 混合。不加热，分装冷冻保存。

将所有材料摇和后，用过滤器倒入鸡尾酒杯中。

point

○为了增加白兰地的香气，通过加旋转的摇和手法可以使鸡尾酒与空气充分混合，并用双层过滤器过滤。

○自制的红石榴糖浆，买刚上市的新鲜石榴，制作糖浆，冷冻保存。它的特点是拥有天然的甜味，使整个味道变得柔和，使白兰地香气更加引人注目。另外，由于用新鲜果汁使糖浆的黏性降低，摇和的方式从两段换成一段（力度变轻）更适合。

20. 美国丽人 American Beauty

类型❹⓯/56 页

布拉德白兰地（冷藏）	20 毫升
威末酒	10 毫升
石榴糖浆	10 毫升
橙汁	20 毫升
薄荷利口酒	1 茶匙
甜葡萄酒	适量

前 5 种材料混合后摇和，通过过滤器倒入鸡尾酒杯，最后再倒入少量甜葡萄酒制作出分层效果。

point

○优雅华丽的甜味鸡尾酒，再加上薄荷利口酒，口感浑然一体。

○用旋转的摇和手法，使白兰地的风味更加浓郁。甜葡萄酒要注意不要放太多，以 2 茶匙为标准。

21. 卡洛尔 Carol

类型❽

白兰地（法拉宾 /VSOP/ 冷藏）	45 毫升
苦艾酒（卡帕诺安提卡配方）	15 毫升
酒渍樱桃	1 个
柠檬皮	1 片

在混合鸡尾酒杯中加入冰块并去霜，再轻轻搅拌。加入前 2 种材料后再次搅拌，倒入鸡尾酒杯中。用酒签将酒渍樱桃装饰在鸡尾酒杯上，挤入柠檬中的精油。

point

○这款是白兰地版本的曼哈顿，重点是引出白兰地的醇香及苦艾酒的成熟感和复杂感。

22. 蜜月 Honeymoon

类型❹

苹果白兰地（卡尔瓦多斯 / 冷藏）	35 毫升
法国廊	15 毫升左右
柠檬汁	10 毫升左右
柑曼怡	1 茶匙

将所有材料摇和后，用过滤器倒入鸡尾酒杯中。

point

○苹果白兰地的醇香，与像红茶和香草一样具有层次感的法国廊酒融为一体，口感华丽。稍微偏甜，十分可口。为了增添苹果白兰地的香味，可以用带旋转的摇和手法让鸡尾酒充分和空气混合，并使用过滤器过滤。

23. 金汤力 Gin&Tonic

类型⓮⓬/57 页

杜松子酒（伦敦金酒 / 冷藏）	40 毫升
青柠汁（鲜榨）	5 毫升
汤力水	100 毫升
苏打水	5 毫升
青柠皮	1 片

将杜松子酒和鲜榨的青柠汁倒入装有两块冰的鸡尾酒杯中，搅拌均匀，整体冷却。加一个冰块，倒入冰镇的汤力水和苏打水，搅拌 2 圈左右。最后挤压橙皮中的精油到杯中。

point

○刚榨的青柠汁酸味柔和，放置一段时间后酸味会变重，不再适合和汤力水搭配使用。使用鲜榨青柠汁最合适。

○选用汤力水搭配苏打水是为了中和汤力水中的甜味。汤力水和苏打水都选择鸡尾酒专用的，汤力水具有豆蔻的清爽香味却不甜腻。苏打水中的粗泡沫和细泡沫非常适合与烈性酒搭配。

○金汤力不仅是人气鸡尾酒，而且还包含了一些鸡尾酒的基本感觉，如对平衡的理解，酸味（青柠）和甜味（汤力水）的掌控，以及如何在调酒过程中确定适当的量，非常适合新员工的培训。虽然是简单的酒谱，但是非常适合磨炼调酒师的感觉。

24. 琴费士 Gin Fizz

类型 ❶⓬

杜松子酒（伦敦金酒 / 冷冻）	45 毫升
柠檬汁	15 毫升
和三盆糖	2 茶匙
苏打水	60 毫升
柠檬皮	1 片

将前 3 种材料摇和，倒入玻璃酒杯。加入冰镇苏打水，挤压柠檬皮的精油到杯中，上桌时不用加冰块。

point

○介于短饮与长饮之间。摇和后再加苏打水。

○为了防止味道变淡，选择不加冰块的手法。所以，酒杯提前充分冷却。

○琴费士也是最适合训练把握基酒（杜松子酒）、酸（柠檬）、甘（和三盆糖）基础平衡感的鸡尾酒之一。作为基础一定要掌握。

25. 莫吉托 Mojito

类型 ⓬/61 页

白朗姆（百加得 白 / 冷冻）	40 毫升
黑朗姆（百加得 8 年）	5 毫升
青柠	10 毫升
糖浆（加勒比）	10 毫升
薄荷叶	10 克
苏打水	30 毫升
吸管	1 根

将薄荷叶、糖浆和少量碎冰放入玻璃酒杯中，用搅拌棒轻轻捣碎。再放入碎冰至七成满，加入 2 种朗姆酒、青柠汁，上下方向进行搅拌。倒入苏打水后轻轻摇和，加入碎冰直到酒杯边缘。最后装饰上薄荷叶和吸管。

point

○先将薄荷叶、糖浆和冰混合，制成即食薄荷糖浆。注意不要把薄荷叶捣得太碎。

○白色和深色两种朗姆酒搭配在一起，尽显醇香。闷热时期很受欢迎的清爽鸡尾酒，朗姆酒和薄荷的调和是重点。

26. 莫斯科骡子 Moscow Mule

类型 ⓬

姜汁伏特加 *（斯米诺夫）	30 毫升
青柠角	1/4 个
姜汁汽水	90 毫升

* 切块的生姜浸入伏特加，1天后可使用，常温保存即可。

在铜质的马克杯中，将青柠挤汁入杯中，青柠角也放入，放入 5 个边长为 2 厘米和 1 个边长为 4 厘米的冰块。倒入姜汁伏特加和姜汁汽水，轻轻摇和。

point

○充满姜香的清爽鸡尾酒。由于绿色与铜杯相映成趣，所以榨过汁的青柠角可直接放入杯内。同样，考虑到外观，也搭配了不同尺寸的冰。

○配方的要点是鸡尾酒专用生姜汽水。与普通的姜汁水相比，发泡力特别强，由于不使用焦糖，所以外观透明，甜度适中，生姜的味道很突出。

27. 咸狗 Salty Dog

类型❸/57页

伏特加（冷冻）	30毫升
葡萄柚汁*	60毫升
岩盐	适量
葡萄柚皮	1片

*关于葡萄汁
因为葡萄柚和橙汁的味道差异比较大，所以在准备的时候要确认是葡萄柚，如过酸就补糖（和三盆糖），过甜就补酸（柠檬等）进行调整，使用起来比较方便。

将冰放入用岩盐做过盐边的复古玻璃杯中，将前2种材料摇和，然后挤入葡萄柚皮中的精油。

point

○充满葡萄柚香味的鸡尾酒。充分摇和使其包含足够的空气，并加入一个边长为4厘米的冰块，以加冰的方式向客人提供。

28. 绿色蚱蜢 Grasshopper

类型⓮❺

薄荷利口酒	20毫升
可可利口酒	20毫升
鲜奶油（47%打至九分发）	32克

将打至九分发的鲜奶油和利口酒慢速摇和后倒入鸡尾酒杯。

point

○以轻盈的口感为特色，味道类似巧克力冰淇淋。喝完的时候会有泡沫残留，可以给客人提供汤勺。

29. 斗牛士 Matador

类型❹

龙舌兰（豪帅金快活/冷冻）	30毫升
菠萝汁	45毫升
青柠汁	5毫升
和三盆糖*	1茶匙

*根据菠萝的成熟程度，可以通过增加和三盆糖来补充甜味。

将所有材料摇和后用过滤器倒入加冰的复古玻璃杯中。

point

○这是龙舌兰酒和菠萝调和的美味鸡尾酒。菠萝汁用旋转摇和法使液体充满空气。使用过滤器可以保证清爽的口感。

30. 反舌鸟 Mockingbird

类型❶

龙舌兰酒（豪帅金快活/冷冻）	35毫升
薄荷利口酒	15毫升左右
青柠汁	10毫升

将所有材料摇和后倒入鸡尾酒杯。

point

○龙舌兰酒的个性和薄荷酒的爽口相得益彰，这是一款将它们融为一体的鸡尾酒。为了更好地发挥出龙舌兰的甜度，要注意青柠的用量。

31. 竹之味 Bamboo

类型❼/59页

雪利酒（沃德斯毕诺/冷藏）	40毫升
苦艾酒*	20毫升
香橙苦精酒**	2抖振

*自制苦艾酒
诺丽普拉与曼奇诺干苦艾酒以10:1调制
**自制香橙苦精酒
安高天娜比特酒与香橙苦精酒以1:1调制

在混合鸡尾酒杯中加入冰块并去霜，轻轻搅拌。加入所有材料后继续搅拌，最后倒入鸡尾酒杯中。

point

○让人联想到竹林的寂静，虽然不华丽，却有英姿飒爽的韵味。这是一种源自日本横滨的鸡尾酒，也是个人比较喜欢的一款标准鸡尾酒。

32. 北极捷径 Polar Short Cut

类型❾/60页

黑朗姆酒（百加得8年）	20毫升
黑朗姆酒（危地马拉萨凯帕）	5毫升
君度	10毫升
樱桃白兰地	15毫升
苦艾酒*（冷藏）	10毫升

*苦艾酒（自制）
诺丽普拉与曼奇诺干苦艾酒以10:1调制

将材料放入闻香杯中，搅拌均匀，再倒入加了冰块的混合玻璃杯中搅拌，最后倒入鸡尾酒杯。

point

○由于材料的黏度高，所以先用闻香杯预混，然后进行搅拌。

○黑朗姆酒再加上君度后更有酒劲，令人愉快，和雪茄也很搭。

33. 卡鲁索 Caruso

类型⓮❽

杜松子酒（伦敦金酒/冷冻）	35毫升
薄荷利口酒	15毫升
苦艾酒*	10毫升

*自制苦艾酒
诺丽普拉与曼奇诺干苦艾酒按10:1调制

将材料倒入混合玻璃中，轻轻转动以提高温度。加入冰块后搅拌，最后倒入鸡尾酒杯。

point

○是马天尼的衍生酒，有薄荷风味的马天尼的感觉。薄荷利口酒增加了甜味，是一款有光泽且具有干净透明感的鸡尾酒。

○和马天尼的制作方式一样，将冷冻的杜松子酒（-15℃）和其他材料放入常温的混合玻璃杯中，在冷却玻璃杯的同时将液体温度升高到约3℃，然后进行正常搅拌。

○搅拌时一定要小心细致，不要因为过多搅拌而稀释过度，从而导致味道变淡。

34. 巴黎人 Parisian

类型❾

杜松子酒（伦敦金酒/冷冻）	35毫升
黑加仑利口酒	5毫升
苦艾酒*	10毫升

*自制苦艾酒
诺丽普拉与曼奇诺干苦艾酒按10:1调制

将材料倒入闻香杯中，轻轻转动以提高温度。倒入加了冰块的混合杯中搅拌，最后倒入鸡尾酒杯。

point

○这款鸡尾酒也是马天尼的衍生酒，在充分利用杜松子酒香味的同时，融合了黑加仑酒的厚度和香醇。自制苦艾酒可以起到很好的衔接作用。

○由于黑加仑利口酒的黏性较高，而且很难与冷冻的杜松子酒混合，所以事先用闻香杯充分混合。

○注意搅拌时要小心细致，不要因为过多搅拌而稀释过度，从而导致味道变淡。

35. 飞行 Aviation

类型❸

杜松子酒（伦敦金酒/冷冻）	45毫升左右
柠檬汁	15毫升左右
樱桃利口酒	1茶匙

将所有材料混合后倒入玻璃鸡尾酒杯。

point

○口感清爽的鸡尾酒。用杜松子酒和柠檬调和，加樱桃利口酒调味，注意不要放得太多。

36. 香榭丽舍 Champs-Élysées

类型❹

白兰地（VSOP/冷藏）	35毫升
查特绿香甜酒（荨麻酒）	20毫升
柠檬汁	10毫升左右
安高天娜苦精酒	2滴

将所有材料摇和后用过滤器倒入鸡尾酒杯。

point

○和边车一样，柠檬酸味的效果很难突显出来。酸味少了会腻，多了就没有白兰地的醇香余韵了，所以要注意柠檬汁的量、酸味的程度。

○使用旋转摇和的手法，让空气充分进入鸡尾酒，并用过滤器过滤。这样可以更好地发挥出白兰地和查特绿的甜味和香气。

37. 甜蜜之夜 Between the Sheets

类型❹

白兰地（VSOP/冷藏）	20毫升
朗姆酒	20毫升
君度	20毫升
柠檬汁	1茶匙

将所有材料摇和后用过滤器倒入鸡尾酒杯。

point

○虽然这是一款酒精度很高的鸡尾酒，但它有甜味，出乎意料的好喝。为了发挥白兰地的醇香，用旋转摇和的手法让空气充分进入鸡尾酒，最后用过滤器过滤。

38. 地震 Earthquake

类型❶

杜松子酒（伦敦金酒/冷冻）	30毫升
威士忌（芝华士12年）	20毫升
潘诺茴香酒	20毫升

将所有材料摇和后倒入鸡尾酒杯。

point

○以威士忌的分量感和淡淡的甜味为特征，虽然是一种酒精度很高的鸡尾酒，如果调好了就很顺滑。重点是潘诺茴香酒的量，虽然在标准鸡尾酒配方中用量都是有规定的，但稍微少放一点口感更好。

39. 堕落天使 Fallen Angel

类型❸

杜松子酒（伦敦金酒/冷冻）	45毫升左右
柠檬汁	不到15毫升
薄荷利口酒	1茶匙
香橙苦精酒 *	1抖振
安高天娜苦精酒	1滴

* 自制香橙苦精酒
安高天娜比特酒与香橙苦精酒按1:1调制

将所有材料摇和后倒入鸡尾酒杯。

point

○和飞行一样，用杜松子酒和柠檬做主体，用薄荷和苦精点缀。

○香橙苦精增添了华丽感。重点是柠檬能衬托杜松子酒的甜味，但要把握好量。注意不要加入过多的薄荷和苦精。

40. 吉普森 Gibson

类型❿

杜松子酒（No.3杜松子酒/冷冻）	55毫升多一点
苦艾酒	5毫升少一点

香橙苦精酒	1 滴
珍珠洋葱	1 头
柠檬皮	1 片

苦艾酒和柠檬苦精酒制法见“30. 竹之味”。

将前 3 种材料倒入混合玻璃杯中，轻轻转动以提高温度。加入冰块后搅拌，最后倒入鸡尾酒杯。用鸡尾酒签插上珍珠洋葱装饰在鸡尾酒杯上，最后挤出柠檬皮中的精油到杯中。

point

○古典的味道来自给人朴实感觉的 No.3 杜松子酒。杜松子酒与苦艾酒搭配，给人一种时尚的感觉。快速且大幅度地摇和，动作看起来也十分华丽。

41. 哥本哈根 Copenhagen

类型 ❶

阿夸维特酒（冷冻）	35 毫升
柑橘利口酒（拿破仑）	15 毫升多一点
柠檬汁	10 毫升

将所有材料摇和后倒入鸡尾酒杯。

point

○用摇和法使阿夸维特酒的茴香味与柑橘利口酒的风味相协调。和白色丽人、巴拉莱卡、玛格丽特等一样，注重基酒、甜和酸三者的平衡。

42. 红海盗 Red Viking

类型 ❶/61 页

阿夸维特酒（冷冻）	20 毫升
樱桃利口酒（路萨朵的马拉斯基诺樱桃味）	20 毫升左右
青柠利口酒	20 毫升

将所有材料摇和后，倒入加冰的鸡尾酒杯中。

point

○用摇和法调和，有阿夸维特酒的茴香味和樱桃香味。

43. 血腥玛丽 Bloody Mary

类型 ⓱❸

伏特加（冷冻）	30 毫升
水果番茄 *	90 克
玻利维亚岩盐	适量

* 如果水果番茄太硬，果汁量会太少，所以要放一段时间，直到它变软。由于番茄的味道非常重要，必要时进行补糖、补酸调节。如果果汁较少，则用橙汁或蔓越莓汁（市售产品）弥补。

用搅拌器搅拌材料后使用过滤器过滤，之后进行摇和。将冰放入做了盐边的复古鸡尾酒杯中，然后将摇和好的鸡尾酒倒入。

point

○这是一款将番茄的美味放在首位，主要品尝食材本身滋味的鸡尾酒。玻璃杯做上盐边，以加冰的方式向客人提供。

○判断好番茄的成熟程度，用搅拌机充分搅拌，滤净。完成上述步骤后，摇和使其充满空气。

44. 热黄油 Hot Buttered Rum Latte

类型 ⓮/60 页

黑朗姆酒（百加得 8 年）	20 毫升
黑朗姆酒（美雅士）	10 毫升
自制糖浆 *	10 毫升
莫林香草风味糖浆	1 茶匙
混合黄油 **	1 茶匙
牛奶	90 毫升
肉桂粉	适量

* 自制糖浆参考 44 页

** 混合黄油（家用）

可尔必思品牌黄油 300 克、红糖 50 克、蜂蜜 20 克、美雅士朗姆酒 25 克、肉桂粉 1 克。将黄油恢复到常温，与所有材料混合。

前 5 种材料一半放入微波炉加热 20 秒。剩下的加入牛奶，用奶泡机加热制成泡沫牛奶。将它们放入加热过的鸡尾酒杯中，轻轻搅拌，最后撒上肉桂粉。

point

○由热黄油和朗姆酒调制的冬季专享鸡尾酒。这是一种享受松软奶泡的热鸡尾酒，使用奶泡机的话无须费时费力，就能产生细小的泡沫。

○除了加热后的酒的美味外，还有两种黑朗姆酒的味道。事先在鸡尾酒杯中倒入热水加热。

45. 爱尔兰咖啡 Irish Coffee

类型 ⓯

爱尔兰威士忌	25 毫升
热咖啡 *	120 毫升
红糖	2 茶匙
鲜奶油（47% 打至七分发）	40 毫升

* 曼特宁咖啡为主体的混合咖啡，用手磨咖啡机或者滤纸萃取，一定要用刚刚做好的。

将威士忌和红糖放入耐热玻璃杯（直接加热用）中，用酒精灯等点燃，搅拌 10 秒左右。倒入咖啡，轻轻搅拌直到糖完全溶化，最后加入鲜奶油。

point

○品尝酒的热香味的同时可以品尝咖啡和鲜奶油。在客人面前烧酒时要注意安全。

46. 圣日耳曼 St.Germain

类型 ⓱❹

查特绿香甜酒（荨麻酒）	40 毫升
柠檬汁	10 毫升
葡萄柚汁	20 毫升
蛋清	1 个

用搅拌器搅拌材料，摇和后用过滤器倒进鸡尾酒杯。

point

○先搅打再摇和来使蛋清发泡。加入扭曲动作的摇和使蛋清充入更多的空气，还能充分发挥基酒的香气。

○轻盈的蛋白泡沫和柠檬的酸很难调和，因此比标准酒谱减少了柠檬的量，这样口感更协调。

47. 法兰西 French 75

类型 ❶⓬

杜松子酒（伦敦金酒 / 冷冻）	45 毫升左右
柠檬汁	不到 15 毫升
和三盆糖	2 茶匙
潘诺茴香酒	2 抖振
香槟	60 毫升

前 4 种材料摇和后倒入加了冰块的鸡尾酒中，最后再慢慢倒入香槟。

point

○这是在日本少见的使用潘诺的鸡尾酒。这款鸡尾酒起源于哈里斯纽约酒吧，现在的配方与当时的配方几乎相同。哈里斯的配方中添加了潘诺酒使味道深邃，我们这款鸡尾酒的目标就是达到同样的效果。

○和琴费士相同，都是先摇和再加碳酸。考虑到加入香槟酒有酸味，摇和时需要加入和三盆糖，将口感调制得偏甜。

48. 白兰地火焰 Brandy Blazer

类型 ⓮/60 页

白兰地（VSOP/ 冷藏）	45 毫升
苹果糖浆 *	5 毫升
橘子皮	1 片
柠檬皮	1 片

* 苹果糖浆（自制）
将 200 毫升 100% 的纯苹果汁（市售）和 100 克砂糖放在一起加热，加入一根肉桂棒熬至量浓缩为一半。

将材料放入耐热玻璃杯（直接点火用）中，轻轻搅拌，用酒精灯加热 10 秒左右。除去果皮，液体倒入鸡尾酒杯。

point

○白兰地做出了烧酒的感觉。略带甜味，香气浓郁，加上加热后的酒精的美味，是一种具有层次感的味道。

○橘子皮和柠檬片都呈条状，用手拧一下再放入杯中。用火烧过后取出，使其浓郁的香味留在鸡尾酒里。在客人面前点火时要注意安全。

49. 萨泽拉克 Sazerac

类型⓫/62 页

黑麦威士忌	60 毫升
贝乔苦精酒	5 抖振
潘诺茴香酒	6 抖振
方糖	1 块
柠檬皮	1 片

将材料放入混合玻璃杯中，用碎冰棒边捣碎边混合。放入冰块搅拌，倒入冷却了的复古玻璃杯中，最后放入柠檬皮。

point

○为了溶解糖，材料都是常温，搅拌时一定要迅速但时间可稍长，可以有效防止过度稀释。

50. 上海 Shanghai

类型❹

黑朗姆酒（阿普尔顿 12 年）	35 毫升
茴香利口酒	10 毫升
石榴糖浆（莫林）	5 毫升
柠檬汁	不到 10 毫升

将所有材料摇和后用过滤器倒入鸡尾酒杯中。

point

○这款鸡尾酒在黑色朗姆酒的醇香中，加入了茴香的异域风味，使之成为具有东方色彩的味道。关键在于黑朗姆酒、茴香利口酒、石榴糖浆和柠檬汁之间平衡的掌握。

○使用旋转摇和的手法，使之含有更多的空气，也可以发挥出黑朗姆酒的香味。最后需要用过滤器倒入鸡尾酒杯。

51. 斯汀格 Stinger

类型❹

白兰地（VSOP/ 冷藏）	45 毫升
薄荷利口酒	15 毫升

将所有材料摇和后用过滤器倒入鸡尾酒杯中。

point

○集白兰地的浓郁香气和薄荷的清爽于一体的经典鸡尾酒。根据白兰地品牌调整利口酒的量。

○为了使白兰地散发出香味，用旋转摇和法，并用过滤器倒入鸡尾酒杯。

52. 黄金凯迪拉克 Golden Cadillac

类型⓮❺

香草利口酒 *	20 毫升
可可利口酒	20 毫升
鲜奶油（47% 打至九分发）	32 克

* 香草利口酒代替加力安奴利口酒使用。

鲜奶油和利口酒混合。慢速摇和后，倒入鸡尾酒玻璃杯中。

point

○这款酒如香草冰淇淋般甜美柔软，有一种令人怀念的味道。喝完杯中会有泡沫残留，最后可以给客人提供汤勺。

53. 新加坡司令 Singapore Sling

类型❻/54页

杜松子酒（伦敦金酒 / 冷冻）	30毫升
法国廊酒	10毫升
君度	10毫升
樱桃白兰地	15毫升
石榴糖浆	10毫升
安高天娜苦精酒	2抖振
菠萝汁	100毫升
青柠汁*	10~15毫升

*青柠汁是根据菠萝的成熟程度来调节加入量的。摇和前先确认味道。

将材料放入波士顿雪克杯中摇和，连同冰一起倒入玻璃杯中。

point

○虽然这是一种材料较多、分量较大的酒谱，但具有协调的热带风情。体形比较大的波士顿雪克杯虽然很难驾驭，但只要充分摇和，味道就能相融。

○酒本身有点甜。根据菠萝的状态，用青柠汁调节酸度。

54. 锈钉 Rusty Nail

类型⓮

苏格兰威士忌（泰斯卡10年）	30毫升
杜林标酒	15毫升

将材料放入闻香杯中混合均匀后，倒入加冰的复古玻璃杯中，轻轻搅拌。

point

在有着厚重甜味的杜林标酒中能够窥见泰斯卡个性的平衡感是最理想的。由于杜林标酒的黏度较高，所以预先用闻香杯预混。

55. 法国情怀 French Connection

类型⓮/52页

白兰地（冷藏）	30毫升
安摩拉多利口酒	60毫升
勃艮第白兰地	1茶匙

*后面加入的石榴糖浆会下沉

材料放入闻香杯，混合均匀，倒入加冰的复古酒杯中，轻轻搅拌。

point

○此酒很香醇。白兰地和安摩拉多酒很搭，加上勃艮第更增添了风味。

○这款鸡尾酒的重点不在于酒谱和技法，而在于品牌的选择。到货时要多尝试出各自的个性。

56. 龙舌兰日出 Tequila Sunrise

类型❸⓯

龙舌兰（豪帅银快活 / 冷冻）	30毫升
甜橙汁	60毫升
红石榴糖浆*	1茶匙

*糖浆最后加入会沉入底部。

将龙舌兰和橙汁在雪克杯中摇和后，倒入加冰的玻璃杯中。用之前的雪克杯加入红石榴糖浆轻轻摇和，倒进刚才的鸡尾酒玻璃杯中。

point

○用滤网倒入红石榴糖浆，轻轻摇和5~6次。

○最后加入的红石榴糖浆，在重力的作用下下沉，边界线形成漂亮的渐变。使用同一个雪克杯的意义是冷却红石榴糖浆，并通过冰块融化的水降低浓度。另外，雪克杯中残留着酒汁，即使不搅拌，喝着喝着味道也会自然地混合在一起。

57. 壮丽日出 Great Sunrise

类型❷⓬/54 页

伏特加	30 毫升
桃子利口酒	10 毫升
葡萄柚糖浆	10 毫升
百香果混合水果	15 毫升
芒果果汁	10 毫升
巴黎水	15 毫升

酒渍樱桃、橘子皮、柠檬皮、苹果、菠萝叶各适量

前 5 种材料摇和后倒入鸡尾酒杯，然后加入巴黎水。最后如 54 页图那样放上装饰。

point

○在 2011 年世界鸡尾酒大赛中，此款原味鸡尾酒获得总冠军。为了祈愿当年发生的东日本大地震后的复兴，将鸡尾酒做成了充满热带风情、明朗的鸡尾酒，并装饰成日本的国花——樱花的样子。

58. 里昂 Leon

类型❷

白朗姆酒（百得利白 / 冷冻）	30 毫升
百香果利口酒（金士顿）	20 毫升
杏仁利口酒糖浆	10 毫升
紫苏利口酒	5 毫升少点
柠檬汁	5 毫升多点

将所有材料摇和后倒入鸡尾酒杯中。

point

○如果说特基拉日出是世界第一鸡尾酒的话，那么里昂是日本第一的作品。以狮子座流星雨为主题，朗姆酒和百香果的南域风味，很有夏天的风味。

59. 番茄马天尼 Tomato Martini

类型❻

杜松子酒（伦敦金酒 / 冷冻）	50 毫升
水果番茄	60 克
罗勒叶	半片
特级初榨橄榄油	1 茶匙
玻利维亚岩盐	适量

把材料放进波士顿雪克杯中，用碎冰棒捣碎，加入冰块后摇和，将大号复古鸡尾酒杯做好盐边，将摇和好的材料倒入鸡尾酒杯。

point

○意大利风味的番茄马天尼。把材料放进波士顿雪克杯中，用碎冰棒捣碎混合。因为水果番茄的状态决定着成品的味道，所以要果实变软再使用，这样果汁比较充足。

60. 金色梦幻 Golden Dream

类型⓮❺

香草利口酒 *	近 20 毫升
君度	15 毫升
橙汁	10 毫升多点
鲜奶油（47% 打至九分发）	28 克

* 香草利口酒可以代替加力安奴利口酒使用。

鲜奶油和其他材料慢速摇和，倒入玻璃鸡尾酒杯。

point

○橙汁和鲜奶油混合在一起，味道像酸奶。喝完的时候泡沫会残留，可给客人提供汤勺。

61. 冻唇蜜 Frozen Daiquiri

类型⓰/54 页

朗姆酒（百加得白 / 冰冻）	45 毫升
青柠汁	15 毫升

糖浆（加勒比）	5 毫升
和三盆糖	1 茶匙
樱桃利口酒（Luxald Maraskino）	1 茶匙
薄荷叶	适量
吸管	1 根

将碎冰与前 5 种材料混合，用搅拌器搅拌，倒入冷却了的鸡尾酒杯中，装饰薄荷叶和吸管。

point

○青柠（酸）和糖（甜）的平衡是关键。甜味是糖浆与和三盆糖混合而成的。因加入冰块降温，所以稍微放甜一点，就能很好地达到平衡感。

○要注意的是，碎冰的量和搅拌器也有关系。先取少量冰搅拌一下，如果比较稀松的话，之后再多加冰也是可以的。掌握冰的量，如同掌握“法国料理酱汁中黄油的量”一样不易。

62. 威士忌酸酒 Whisky Sour

类型 ⑰❹/54 页

波旁威士忌	45 毫升左右
柠檬汁	不到 15 毫升
糖浆（加勒比）	2 茶匙
蛋清	1 个
安高天娜苦精酒	3 抖振
柠檬皮	1 片

用搅拌器搅拌前 4 种材料后摇和。用过滤器倒入玻璃鸡尾酒杯，滴下三滴安高天娜苦精酒，最后挤入柠檬皮中的精油。

point

○加入蛋清，打造出轻盈的口感。将材料用搅拌器预混，然后用旋转摇和法提取波旁威士忌的香味，并用过滤器过滤。

新鲜食材处理方法的要点和应用于鸡尾酒中的例子

宫之原拓男

凡例

A — 关于食材

适合使用的时令、主要产地、品种、恰当的处理储存方式等。

B — 鸡尾酒中的运用

柑橘类的水果，按照成熟程度不同，标注了匹配的鸡尾酒。成熟时期可以分为：❶ 上市时，❷ 上市后 7~10 天，❸ 上市后两周以上（时间只是大致估计）。原创鸡尾酒要是没有特别要求，可以按照自己喜好随意挑选基酒。

柠檬

A

四季。产地有加利福尼亚等。有光泽、有弹性、水润，拿在手里能感觉到里面的白瓤很薄。不选表皮有凹凸的，因为水分少。将去皮后的剩余部分用保鲜膜包好，放入保鲜盒中，并在冷风吹不到的冰箱冷藏室中催熟（见75页）。现用现榨果汁，活用香味。

B

❶ 果皮……马天尼等。
果汁……标准短饮鸡尾酒、伏特加瑞奇。

❷ 果皮……凯皮罗斯卡等。
果汁……标准短饮鸡尾酒。
凯皮罗斯卡（猕猴桃），原创 a（菠萝、西芹、罗勒）等。

❸ 果皮……无。
果汁……作为水果鸡尾酒味道的补充（添加酸味）。边车、白色丽人、威士忌（蛋清）、原创 b（木瓜、椰子、牛奶）、原创 c（香蕉、咖啡豆用法见 84 页）、原创 d（猕猴桃、香草、龙舌兰、龙舌兰属）等。

青柠

A

四季。产地有墨西哥等。用法基本和柠檬一样。选择较大的，用保鲜膜包好冷藏保存。使用前用水洗净，但不可损坏果皮。

B

❶ 果皮……杜松子酒等。
果汁……吉姆莱特、金莱姆、金汤力、莫斯科骡子等。如果要放在玻璃杯中，用餐巾纸擦干净表皮（见 79 页）。

❷ 果皮……杜松子等。
果汁……杜松子（迷迭香）、莫吉托（薄荷，85 页）。如果要放到玻璃杯里，要擦干净表皮。原创 a（石榴、橙子、红糖）等。

❸ 果皮……无。
果汁……作为水果鸡尾酒味道的补充（添加酸味）。吉姆莱特、玛格丽特、杰克玫瑰（石榴）、莫斯科骡子（姜，82 页）、原创 b（甜瓜、薄荷、椰子）、原创 c（火龙果、柠檬草，93 页）等。

橙子

A

四季。产地有佛罗里达等。用法基本和柠檬一样。

B

❶ 果皮……尼格龙尼、曼哈顿往日情怀等。

❷ 果皮……薄荷汽水等。
果汁……作为水果鸡尾酒味道的补充。原创 a（石榴、肉桂）、原创 b（菠萝、椰子）等。

❸ 果皮……无。
果汁……作为柑橘、含羞草等的材料。原创 c（百香果、肉桂、薄荷，88 页）、原创 d（芒果、薄荷、酸奶）等。

葡萄柚

A

四季。产地有美国和南非等。用法基本和柠檬一样。通常放置 2~3 周以上，成熟后使用。

B

❶ 果皮……无。 为了使葡萄柚全部成熟，不可先取果皮用。

❷ 果皮……白色内格罗尼等。
果汁……清爽型水果鸡尾酒、白含羞草等。

❸ 果皮……无。
果汁……咸狗、帕洛玛等。

柚子

A

夏季、冬季。因为柚子的香味会很快消失，所以不需要催熟，而是在到货后立即使用。

B

果皮……马天尼，杜松子酒（手工制作）等。
果汁……原创 a（紫苏）等。

金橘

A

冬季。金橘美味的关键——皮的“微微的苦味”，但很快会消失，所以不催熟，到货后马上使用。当用搅拌器搅打时，金橘会失去其特有的味道，因此切块、去籽，捣碎使用能保存风味。

B

整颗……金汤力（第 91 页）、马天尼（柚子）、伏特加（生姜）等。

丑橘

A

冬季成熟后才上市，因此它在购买后需立即使用。为了进一步提高甜味，可以将其放置一段时间。

B

果汁……原创 a（连同果肉一起使用）等。

番茄

A

四季。要选水果番茄。甜味、酸味适中，味道有层次。小而皮薄的番茄味道好。等其成熟，直到蒂的颜色改变，果肉变软时味道最好（见 76 页）。

B

血腥玛丽（山葵、酱油，83 页），原创 a（龙舌兰、往日情怀）等。

黄瓜

A

四季。使用刺明显的新鲜黄瓜，用保鲜膜包好冷藏保存。

B

吉姆雷特（罗勒）、得其利等。

西瓜

A

夏季。味道浓郁的小个头西瓜味道更好。不需催熟。当用搅拌器打碎或榨汁时，特有的香味会消失，因此将其加工成能保留风味的形状。

B

咸狗、马天尼（盐）等。

草莓

A

冬季、春季。香甜味很浓。因为表皮薄，很容易变质，所以到货后需马上使用。

B

莱昂纳多（86 页）、往日情怀、玛格丽特（盐）等。

桃

A

夏季。选用白桃。在常温下放置一周左右，成熟后使用。放置一段时间后，白色变红，桃毛减少。当果肉变得柔软，果皮可以用手剥离时使用，这样不会浪费果汁（见 78 页）。

B

贝利尼（81 页）、原创 a（薄荷、杜松子酒）、原创 b（盐、龙舌兰）等。

葡萄

A

从夏季到秋季。选用巨峰、晴王等。放置一段时间后，葡萄的茎会枯萎，变成棕色，味道更佳（见76页）。

B

基蒂安（巨峰，90页）、皮斯科酸酒（晴王）、原创a（龙舌兰、杜松子酒等烈酒）、原创b（威士忌、白兰地、黑朗姆等烈酒）等。

柿子

A

从秋季到冬季。选用去涩的、果肉变软的使用，但也不可过熟。

B

原创a（92页）、原创b（抹茶）等。

石榴

A

从夏季到秋季。刚采摘的皮没全红，放至皮全红，在变黑之前使用。如果用刀削掉上下两端，然后将其放入水中，果粒即可完整无损地取出（见79页）。

B

○现做红石榴糖浆……果粒2汤勺，糖粉2茶匙（或糖浆10毫升），用碎冰棒捣碎混匀。用于杰克玫瑰等。

○用以协调鸡尾酒的味道（往日情怀、马天尼等）。

无花果

A

从夏季到秋季。放置于风吹不到的地方催熟。整体逐渐变红、变甜，变小一圈。

B

原创a（盐、柠檬，89页）等。

香蕉

A

四季。在常温下，当皮上出现称为糖斑的黑色斑点时使用（见 76 页）。基本上都使用成熟的甜香蕉，但有时也需要成熟前的酸味。放在冰箱里虽然能保存很久，但整个皮都会发黑。

B

得其利（咖啡豆、柠檬，84 页）等。

百香果

A

从初夏到秋季。刚采摘时具有光泽的表皮，有酸味，在使用前放置一周左右，直到其变得皱缩（见 77 页）。

B

复古鸡尾酒（朗姆酒，88 页）等。

书中专业名词解释

1. 苦精

是一种浓缩的药草酒，除了苦味以外，添加不同的辅料会呈现独特的风味。若是添加几滴苦精到水中，味道接近青草茶。

2. 青柠

又叫酸橙、莱姆（Lime），皮较薄且光滑，切开后果实无籽，果肉呈淡绿色，多汁。

3. 汤力水

英文名为 Tonic Water，又叫奎宁水、通宁汽水，用苏打水与糖、水果提取物和奎宁调配而成，是热门的鸡尾酒配方。

4. 和三盆糖

日本产的高档糖。据说“三盆”的名字来源于它的制作工艺，盆指的是托盘，在制作的时候需要在托盘上研磨三次。颜色淡黄，闻起来有淡淡的香甜味，颗粒极细，入口即化，味道温和适中。

5. 上白糖

细砂糖由甘蔗榨取而来，所以又称蔗糖。而上白糖是在蔗糖中混入了一定比例的转化糖，性状湿润，甜度浓厚。

6. 粉红胡椒

产自美洲，是一种红色的小果子，有黑加仑的果酸香味，外观与黑胡椒相似，但没有胡椒的味道。

7. 芋烧酒

指以薯类为主原料的烧酒，口感浓郁，回味悠长，是日本的主流烧酒之一。

8. 梅粉

一种粉末状食材，由青梅制作而成，味道酸甜。

原书工作人员
摄　　影　大山裕平
插　　画　芦野公平
艺术指导　冈本洋平
设　　计　冈本设计工作室
采访、执笔　石川阿佐子，编辑部
编　　辑　池本惠子（柴田书店）

图书在版编目（CIP）数据

鸡尾酒调制手册 /（日）山田高史，（日）宫之原拓男著；蔡乐等译. — 北京：机械工业出版社，2022.8
ISBN 978-7-111-71292-3

Ⅰ. ①鸡…　Ⅱ. ①山…　②宫…　③蔡…　Ⅲ. ①鸡尾酒－配制－手册　Ⅳ. ①TS972.19-62

中国版本图书馆CIP数据核字（2022）第133711号

机械工业出版社（北京市百万庄大街22号　邮政编码100037）
策划编辑：卢志林　范琳娜　　责任编辑：卢志林　范琳娜
责任校对：张　力　王明欣　　责任印制：张　博
北京华联印刷有限公司印刷

2022年8月第1版第1次印刷
184mm × 260mm · 8印张 · 134千字
标准书号：ISBN 978-7-111-71292-3
定价：58.00元

电话服务
客服电话：010-88361066
010-88379833
010-68326294
封底无防伪标均为盗版

网络服务
机　工　官　网：www.cmpbook.com
机　工　官　博：weibo.com/cmp1952
金　书　网：www.golden-book.com
机工教育服务网：www.cmpedu.com